ユーキャンの

乙種 危険物取扱者

第2版

第1・2・3・5・6類

予想問題集

ユーキャンが よくわかる！ その理由

🔵 類ごとに厳選重要問題を掲載！

的確にポイントをとらえた厳選重要問題8問を、類ごとに掲載しています。目的の類について、8問の問題を解くだけで、効率よく効果の高い学習を進めることができます。

🔵 充実解説で出題の意図がわかる、応用力が身につく

■すべての問題をくわしく解説

問題を解いても、それだけで終わってしまっては効果は今一つです。本書では、すべての問題にわかりやすい解説がついており、それを読むことでより理解が深まります。

■出題のポイントがすぐわかる

解説の冒頭には、出題の意図と重要ポイントをさっと確認できる「ここがPOINT！」コーナーを掲載。

🧪 **ここがPOINT！**

第1類危険物の貯蔵・取扱い・火災予防・消火の方法

①可燃物、有機物などの酸化されやすい物質や、強酸との接触を避ける

②無機過酸化物やこれらを含有するものは、水との接触を避ける

■『速習レッスン』の該当ページ数を表示

問題ごとに、ユーキャンの『乙種第1・2・3・5・6類危険物取扱者 速習レッスン』の該当ページを表示しています。

🔵 各類の要点チェックがまとめてできる！

各類の危険物の品目ごとにその性質等を覚える際に役立つのが、各類の解説の最後にある「丸ごとCHECK!!」です。いつでもさっと確認して重要事項をマスターできます。試験直前の学習にも最適です。

🔵 類ごとに5回分（50問）の予想模擬試験を収録

実際の試験に即した問題構成・体裁・解答方法で、本試験をシミュレーションできる予想模擬試験をたっぷり5回分（50問）！

目　次

● **厳選重要問題**

本書の使い方

「**3ステップ学習法**」で、
合格目指して効率よく学習しましょう。

乙子先生

ステップ
1 厳選重要問題を解く

厳選された問題を解きながら、
各類の重点を効率よく理解します。

各類の重点を押さえた問題ばかりです。
1問1問、じっくり取り組んで、
試験の傾向に慣れましょう。

学習の理解を助けるくわしい解説が、1問ごとについています。
冒頭の「ここがPOINT!」で問題の要点を確認できます。

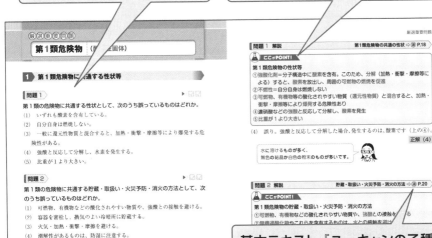

問題は、本試験と同じ
5肢択一の形式です。

基本テキスト『ユーキャンの乙種
第1・2・3・5・6類危険物取扱者
速習レッスン』へのリンクがついています。

ステップ 2 各類の「丸ごと CHECK!!」で復習する

わかりやすくまとめた解説で、類ごとのポイントを
復習します。試験直前の学習にも役立ちます。

ステップ 3 予想模擬試験で仕上げ

実践形式の、各類5回分・50問の予想
模擬試験で、受験学習の仕上げをします。

解答/解説は使いやすい別冊です。1問1問をしっかり解説しています。

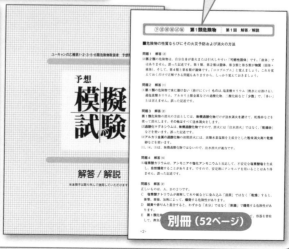

別冊（52ページ）

乙種第1・2・3・5・6類危険物取扱者試験について

この書籍は、**すでに乙種第4類危険物取扱者の資格を持っている人**が、乙種のそれ以外の類を受験するためのものです。ですので、ここでは、みなさんが乙種第4類危険物取扱者の資格を持っていることを前提に話を進めていきます。

① 試験の内容

▶▶▶ 受験資格

年齢、学歴等の制約はなく、**どなたでも受験**できます。

▶▶▶ 試験科目・問題数・試験時間

危険物の性質ならびにその火災予防および消火の方法	10問	35分

乙種のどれか1つの類に合格していれば、「**危険物に関する法令**」「**基礎的な物理学および基礎的な化学**」の試験科目は**免除**されます。

▶▶▶ 出題形式

5つの選択肢の中から正答を1つ選ぶ、五肢択一のマークシート方式です。

▶▶▶ 合格基準

60%以上（10問中6問）正解すると合格となります。

▶▶▶ 合格率（全国平均）

年度	区分	1類	2類	3類	5類	6類
令和4年度	受験者（人）	9,498	9,579	11,555	11,930	11,739
	合格者（人）	6,596	6,601	8,217	8,476	8,216
	合格率（%）	69.4	68.9	71.1	71.0	70.0
令和3年度	受験者（人）	11,168	10,385	13,056	12,977	13,370
	合格者（人）	7,872	7,504	9,266	9,218	9,452
	合格率（%）	70.5	72.3	71.0	71.0	70.7

❷ 試験の手続き

▶▶▶受験地の選択
危険物取扱者の試験は都道府県単位で行われており、**居住地に関係なく全国どこの都道府県でも受験できます。**

▶▶▶受験案内・受験願書
消防試験研究センター（試験実施機関）の本部および各都道府県支部、または各消防署等で入手できます。**受験願書は全国共通**です。

▶▶▶申込方法
受験の申込みには、**書面申請**（願書を書いて郵送する）と、**電子申請**（インターネットを使って消防試験研究センターのホームページから申し込む）があります。いずれも試験日より70〜40日前頃までに締め切られます。

▶▶▶複数受験
いずれかの類の乙種危険物取扱者免状を有する人は、同じ日に同じ会場での複数類の受験申込みが可能ですが、受験可能な数（2つか3つ）は支部によって異なることがあります。また、受験願書と受験料は類ごとに必要です。なお、**電子申請の場合は複数受験の申込みはできません。**

▶▶▶試験日
各都道府県で異なり、試験はほとんどの県で年に複数回行われています。

試験の詳細、お問い合わせ等

全国の試験情報は、「**消防試験研究センター**」へ

ホームページ　https://www.shoubo-shiken.or.jp/

※各都道府県の試験日程、受験案内の内容等も確認できます。

電　話　　　03－3597－0220（本部）

厳選●●重要問題

第1類危険物 （酸化性固体）

1 第1類危険物に共通する性状等

問題 1

第1類の危険物に共通する性状として、次のうち誤っているものはどれか。

(1) いずれも酸素を含有している。

(2) 自分自身は燃焼しない。

(3) 一般に還元性物質と混合すると、加熱・衝撃・摩擦等により爆発する危険性がある。

(4) 強酸と反応して分解し、水素を発生する。

(5) 比重が1より大きい。

問題 2

第1類の危険物に共通する貯蔵・取扱い・火災予防・消火の方法として、次のうち誤っているものはどれか。

(1) 可燃物、有機物などの酸化されやすい物質や、強酸との接触を避ける。

(2) 容器を密栓し、換気のよい冷暗所に貯蔵する。

(3) 火気・加熱・衝撃・摩擦を避ける。

(4) 潮解性があるものは、防湿に注意する。

(5) アルカリ金属の過酸化物の火災の際は、初期段階から大量の水を可燃物に向けて注水する。

問題1　解説　　　　　　　　　　第1類危険物の共通の性状 ⇨ 速 P.18

 ここがPOINT!

第1類危険物の性状等

①強酸化剤＝分子構造中に酸素を含有。このため、分解（加熱・衝撃・摩擦等による）すると、酸素を放出し、周囲の可燃物の燃焼を促進

②不燃性＝自分自身は燃焼しない

③可燃物、有機物等の酸化されやすい物質（還元性物質）と混合すると、加熱・衝撃・摩擦等により爆発する危険性あり

④濃硝酸などの強酸と反応して分解し、酸素を発生

⑤比重が1より大きい

（4）　誤り。強酸と反応して分解した場合、発生するのは、酸素です（上の④）。

正解（4）

水に溶けるものが多く、
無色の結晶か白色の粉末のものが多いです。

問題2　解説　　　　　　貯蔵・取扱い・火災予防・消火の方法 ⇨ 速 P.20

 ここがPOINT!

第1類危険物の貯蔵・取扱い・火災予防・消火の方法

①可燃物、有機物などの酸化されやすい物質や、強酸との接触を避ける

②無機過酸化物やこれらを含有するものは、水との接触を避ける

③潮解性があるものは、防湿に注意

④火気・加熱・衝撃・摩擦を避け、容器を密栓し、換気のよい冷暗所に貯蔵

（5）　誤り。無機過酸化物およびこれらを含有するものは、水との接触を避ける必要があります（上の②）。また、アルカリ金属の過酸化物の消火の際は、初期段階では炭酸水素塩類等を主成分とする粉末消火剤または乾燥砂等を使用し、中期以降は、大量の水を可燃物のほうに注水して延焼を防ぎます。

正解（5）

問題3

塩素酸カリウムの性状として、次のうち誤っているものはどれか。

(1) 無色、光沢の結晶である。

(2) 水には溶けにくい。

(3) 強力な酸化剤である。

(4) 加熱すると約200℃で分解しはじめ、さらに加熱すると酸素を発生する。

(5) 硫黄や赤りんと混合すると、わずかな刺激でも爆発の危険性がある。

問題4

塩素酸ナトリウムの性状として、次のうち正しいものはどれか。

(1) 橙色の結晶である。

(2) 比重は、0.9である。

(3) 水やアルコールに溶けない。

(4) 潮解性がある。

(5) 加熱すると約300℃で分解しはじめ、水素を発生する。

問題 3　解説　　　　　　　　　　　　塩素酸塩類 ⇨ 速 P.22

 ここがPOINT!

塩素酸カリウムの性状等

①無色、光沢の結晶で、比重は2.3　②水には溶けにくい（熱水には溶ける）
③強力な酸化剤　④加熱すると約400℃で分解しはじめ、さらに加熱すると酸素を発生　⑤アンモニア、塩化アンモニウム等と反応して、不安定な塩素酸塩を生成して、自然爆発の危険あり　⑥衝撃・摩擦・加熱、または強酸との接触により爆発する危険がある　⑦硫黄や赤りんなどと混合すると、わずかな刺激でも爆発の危険あり
※上の⑥、⑦は、問題4の塩素酸ナトリウムの性状にも共通

(4)　誤り。加熱すると約400℃で分解しはじめ（上の④）、さらに加熱すると酸素を発生します。

正解（4）

問題 4　解説　　　　　　　　　　　　塩素酸塩類 ⇨ 速 P.22

 ここがPOINT!

塩素酸ナトリウムの性状等

①無色の結晶で、比重は2.5　②水やアルコールに溶ける　③潮解性あり　④加熱すると約300℃で分解しはじめ、酸素を発生　⑤潮解して木や紙などに染み込み、乾燥すると、衝撃・摩擦・加熱によって爆発する危険性あり　⑥潮解性があるため、容器の密栓・密封には特に注意

正しいものは（4）です。

(1)　誤り。無色の結晶（上の①）。塩素酸塩類と過塩素酸塩類はすべて無色。
(2)　誤り。比重は2.5（上の①）。第1類危険物の比重はすべて1より大きい。
(3)　誤り。水やアルコールに溶けます（上の②）。
(4)　正しい（上の③）。
(5)　誤り。塩素酸カリウムと同様に、加熱で発生するのは、酸素です。

正解（4）

第1類危険物は、加熱や分解によって基本的に酸素を発生します。だから「酸化性固体」と呼ばれます。

問題5

次のA～Eの過酸化カリウムの性状について、正しいものの組合わせはどれか。

A 黄白色の粉末である。

B 加熱すると、490℃以上で分解しはじめ酸素を発生する。

C アルコールと反応して熱と酸素を発生し、水酸化カリウムを生じる。

D 吸湿性が強く潮解性がある。

E 大量の水と反応すると爆発する危険性がある。

(1) A C   (2) B C D   (3) B D E

(4) C D   (5) C D E

問題6

過酸化カリウムと過酸化ナトリウムの性状等として、次のうち不適切なものはどれか。

(1) どちらも吸湿性が強く、潮解性がある。

(2) 過酸化ナトリウムは、加熱すると約660℃で分解し、酸素を発生する。

(3) 過酸化ナトリウムは、水と反応して熱と酸素を発生し、水酸化ナトリウムを生じる。

(4) どちらも水分の浸入を防ぐため、容器を密栓する。

(5) どちらも注水消火はできないので、乾燥砂などを使用する。

問題5　解説　　　　　　　　　　アルカリ金属の過酸化物 ⇨ 速 P.30

 ここがPOINT！

過酸化カリウムの性状等
①オレンジ色の粉末、比重2.0　②加熱すると、490℃以上で分解しはじめ、酸素を発生する　③水と反応して熱と酸素を発生し、水酸化カリウムを生じる
④吸湿性が強く潮解性がある　⑤大量の水と反応すると爆発する危険がある
⑥可燃物や有機物などの酸化されやすい物質（還元性物質）と混合すると、衝撃・加熱等により発火や爆発の危険がある　⑦皮膚を腐食
※上の⑤〜⑦は、下の過酸化ナトリウムの性状にも共通

正しいものはB、D、Eです。

A　誤り。「黄白色の粉末」は過酸化ナトリウムです。過酸化カリウムは、オレンジ色の粉末です（上の①）。

B　正しい（上の②）。

C　誤り。「アルコール」ではなく、「水」と反応します（上の③）。

D　正しい（上の④）。

E　正しい（上の⑤）。

正解（3）

問題6　解説　　　　　　　　　　アルカリ金属の過酸化物 ⇨ 速 P.30

 ここがPOINT！

過酸化ナトリウムの性状等
①黄白色の粉末（純粋なものは白色粉末）、比重2.9、融点460℃　②加熱すると約660℃で分解して、酸素を発生する　③水と反応して熱と酸素を発生し、水酸化ナトリウムを生じる　④吸湿性が強い

（1）　不適切。過酸化ナトリウムには潮解性はありません。

正解（1）

いずれも、「吸湿性が強く、大量の水と反応すると爆発する危険がある」ため、消火の際に注水消火はできません。乾燥砂などを使います。また、注水消火が不適当なのは、他の無機過酸化物も同様です。

問題7　

過塩素酸カリウムの性状等として、次のA～Eのうち正しいものはいくつあるか。

A　無色の結晶である。

B　水にはよく溶ける。

C　加熱すると約400℃で分解しはじめ酸素を発生する。

D　加熱・衝撃等による爆発の危険性は塩素酸カリウムよりやや強い。

E　消火の際には、注水により分解温度以下に冷却するのが最も効果的である。

(1)　1つ　　　(2)　2つ　　　(3)　3つ

(4)　4つ　　　(5)　5つ

問題8

亜塩素酸ナトリウムの性状として、次のうち誤っているものはどれか。

(1)　水に溶け、吸湿性がある。

(2)　加熱すると分解して塩素酸ナトリウムと塩化ナトリウムに変化する。

(3)　無機酸（塩酸、硫酸等）、有機酸（シュウ酸、クエン酸等）に反応する。

(4)　直射日光や紫外線で徐々に分解したり、酸と混合すると、有毒な二酸化塩素ガスを発生する。

(5)　無機物や還元性物質（りん、カーボン等）と混合すると、わずかな刺激でも発火・爆発する危険がある。

第1類

第1類危険物（酸化性固体）

問題7 解説　　　　　　　　　　　　　　　　　過塩素酸塩類 ⇨ 速 P.25

 ここがPOINT!

過塩素酸カリウムの性状等

①無色の結晶、比重2.52　②水に溶けにくい　③加熱すると約400℃で分解しはじめ酸素を発生する　④加熱・衝撃等による爆発の危険性は塩素酸カリウムよりやや低い　⑤可燃物との混合や強酸との接触による爆発の危険性も塩素酸カリウムよりやや低い　⑥消火は、注水により分解温度以下に冷却するのが最も効果的

正しいものは、A、C、Eの3つです。

A　正しい（上の①）。

B　誤り。水に溶けにくいです（上の②）。

C　正しい（上の③）。

D　誤り。加熱・衝撃等による爆発の危険性は塩素酸カリウムよりやや低いです（上の④）。可燃物との混合や強酸との接触による爆発の危険性もやや低いです（上の⑤）。

E　正しい（上の⑥）。

正解（3）

第1類危険物のうち、注水消火ができないのは、無機過酸化物だけです。その他はすべて注水消火です。

問題8 解説　　　　　　　　　　　　　　　　　亜塩素酸塩類 ⇨ 速 P.35

 ここがPOINT!

亜塩素酸ナトリウムの性状等

①無色の結晶性粉末　②水に溶け、吸湿性がある　③加熱すると分解して塩素酸ナトリウムと塩化ナトリウムに変化し、さらに加熱すると酸素を発生する　④刺激臭　⑤直射日光や紫外線で徐々に分解したり、酸と混合すると、有毒な二酸化塩素ガスを発生する　⑥有機物や還元性物質（りん、カーボン等）と混合すると、わずかな刺激でも発火・爆発する危険がある　⑦鉄、銅、銅合金などの金属を腐食する

（5）　誤り。「無機物」ではなく、「有機物」に反応します（上の⑥）。

正解（5）

①第1類危険物の主な物品

品　名	物品名	化学式	形　状	
塩素酸塩類	塩素酸カリウム	$KClO_3$	無色、光沢の結晶	
	塩素酸ナトリウム	$NaClO_3$	無色の結晶	
	塩素酸アンモニウム	NH_4ClO_3	無色の結晶	
過塩素酸塩類	過塩素酸カリウム	$KClO_4$	無色の結晶	
	過塩素酸ナトリウム	$NaClO_4$	無色の結晶	
	過塩素酸アンモニウム	NH_4ClO_4	無色の結晶	
無機過酸化物　アルカリ金属の過酸化物	過酸化カリウム	K_2O_2	オレンジ色の粉末	
	過酸化ナトリウム	Na_2O_2	黄白色の粉末 （純粋なものは白色の粉末）	
アルカリ土類金属などの過酸化物	過酸化カルシウム	CaO_2	無色の粉末	
	過酸化バリウム	BaO_2	灰白色の粉末	
	過酸化マグネシウム	MgO_2	無色の粉末	
亜塩素酸塩類	亜塩素酸ナトリウム	$NaClO_2$	無色の結晶性粉末	
臭素酸塩類	臭素酸カリウム	$KBrO_3$	無色、無臭の結晶性粉末	
硝酸塩類	硝酸カリウム	KNO_3	無色の結晶	
	硝酸ナトリウム	$NaNO_3$	無色の結晶	
	硝酸アンモニウム	NH_4NO_3	無色の結晶 または結晶性粉末	
よう素酸塩類	よう素酸カリウム	KIO_3	無色の結晶	
	よう素酸ナトリウム	$NaIO_3$	無色の結晶	
過マンガン酸塩類	過マンガン酸カリウム	$KMnO_4$	赤紫色で金属光沢の結晶	
	過マンガン酸ナトリウム	$NaMnO_4 \cdot 3H_2O$	赤紫色の粉末	
重クロム酸塩類	重クロム酸カリウム	$K_2Cr_2O_7$	橙赤色の結晶	
	重クロム酸アンモニウム	$(NH_4)_2Cr_2O_7$	橙黄色の結晶	

物品名	溶解・その他	消火方法
塩素酸カリウム	水に溶けにくい（熱水には溶ける）	注水消火 （注水により分解温度以下に冷却する消火方法が最も効果的）
塩素酸ナトリウム	水やアルコールに溶ける〈潮解性〉	
塩素酸アンモニウム	水に溶けるが、アルコールには溶けにくい	
過塩素酸カリウム	水に溶けにくい	
過塩素酸ナトリウム	水によく溶け、エタノールに溶ける〈潮解性〉	
過塩素酸アンモニウム	水、エタノールに溶ける	
過酸化カリウム	水と反応して熱と酸素を発生。水酸化カリウムを生じる〈潮解性〉	注水消火はできない 粉末消火剤、乾燥砂などを使用
過酸化ナトリウム	水と反応して熱と酸素を発生。水酸化ナトリウムを生じる	
過酸化カルシウム	水に溶けにくいが、酸には溶ける アルコール、ジエチルエーテルに溶けない	注水消火は好ましくない 粉末消火剤、乾燥砂などを使用
過酸化バリウム	水に溶けにくい。熱湯と反応して酸素を発生	
過酸化マグネシウム	水と反応して酸素を発生。酸に溶ける	
亜塩素酸ナトリウム	水に溶ける。吸湿性がある	大量の水により消火する　強化液消火剤、泡消火剤も有効
臭素酸カリウム	水に溶けるが、アルコールには溶けにくい	注水消火
硝酸カリウム	水によく溶ける	
硝酸ナトリウム	水によく溶ける〈潮解性〉	
硝酸アンモニウム	水によく溶け、メタノール、エタノールにも溶ける。吸湿性がある 水に溶けるときは吸熱反応（発熱せず、逆に冷える）	
よう素酸カリウム	水に溶けるが、エタノールには溶けない	
よう素酸ナトリウム	水によく溶けるが、エタノールには溶けない	
過マンガン酸カリウム	水によく溶ける（水溶液は濃紫色）	
過マンガン酸ナトリウム	水に溶けやすい〈潮解性〉	
重クロム酸カリウム	水に溶けるが、エタノールには溶けない	
重クロム酸アンモニウム	水に溶け、エタノールにもよく溶ける	

※次ページに続く

品　名	物品名	化学式	形　状	
クロム、鉛	三酸化クロム （無水クロム酸）	CrO_3	暗赤色の針状結晶	
	二酸化鉛	PbO_2	黒褐色の粉末	
次亜塩素酸塩類	次亜塩素酸カルシウム	$Ca(ClO)_2 \cdot 3H_2O$	白色の粉末	

②第1類危険物に共通する性状等

共通する主な性状	貯蔵・取扱い・火災予防の方法
● 分子構造中に酸素を含有。加熱・衝撃・摩擦等によって分解すると、その酸素を放出し、周囲の可燃物の燃焼を促進（強酸化剤） ● 自分自身は燃焼しない（不燃性） ● 一般に可燃物、有機物などの酸化されやすい物質（還元性物質）と混合すると、加熱・衝撃・摩擦等により爆発する危険性 ● 比重は1より大きい ● 無色の結晶や白色の粉末が多い ● アルカリ金属の過酸化物およびこれらを含有するものは、水と反応して熱と酸素を発生 ● 水に溶けるものが多い	● 火気・加熱・衝撃・摩擦を避ける ● 可燃物、有機物などの酸化されやすい物質や、強酸との接触を避ける ● 容器を密栓して、換気のよい冷暗所に貯蔵する ● 無機過酸化物は水との接触を避ける ● 潮解性があるものは防湿に注意する

	消火方法
	● 大量の水で冷却し、分解温度以下に温度を下げて危険物の分解を抑制する ● 無機過酸化物の火災には、粉末消火剤または乾燥砂を使用する

③水溶性

水に溶けない	二酸化鉛
水に溶けにくい	塩素酸カリウム、過塩素酸カリウム、過酸化カルシウム、過酸化バリウム
水に溶ける	上記以外のもの。塩素酸カリウムは熱水に溶ける

④アルコール等に溶けるもの

アルコールに溶ける	塩素酸ナトリウム
エタノールに溶ける	過塩素酸ナトリウム、過塩素酸アンモニウム、硝酸アンモニウム、重クロム酸アンモニウム、三酸化クロム（希エタノール）
メタノールに溶ける	硝酸アンモニウム

物品名	溶解・その他	消火方法
三酸化クロム（無水クロム酸）	水に溶け、希エタノールにも溶ける〈潮解性〉	
二酸化鉛	水、アルコールに溶けない。酸、アルカリに溶ける	注水消火
次亜塩素酸カルシウム	水と反応して塩化水素（HCl）を発生〈潮解性〉	

⑤酸またはアルカリに溶けるもの

酸に溶ける	過酸化カルシウム、過酸化マグネシウム、二酸化鉛
アルカリに溶ける	二酸化鉛

⑥潮解性があるもの

塩素酸ナトリウム、過塩素酸ナトリウム、過酸化カリウム、硝酸ナトリウム、過マンガン酸ナトリウム、三酸化クロム、次亜塩素酸カルシウム

⑦酸素以外のものを生成するもの

過酸化カリウム	水に反応	水酸化カリウム
過酸化ナトリウム	水に反応	水酸化ナトリウム
過酸化カルシウム	希酸に溶けて	過酸化水素
過酸化バリウム	酸に反応	
過酸化マグネシウム	酸に溶けて	
亜塩素酸ナトリウム	直射日光・紫外線・酸に反応	二酸化塩素
硝酸アンモニウム	210℃で分解して	亜酸化窒素、水
重クロム酸アンモニウム	加熱で	窒素
次亜塩素酸カルシウム	空気中の水分や二酸化炭素により	次亜塩素酸
	水に反応	塩化水素

⑧注水消火ができないか注水消火が好ましくないもの（どちらも乾燥砂などを使用）

注水消火ができない	過酸化カリウム、過酸化ナトリウム	アルカリ金属の過酸化物	無機過酸化物
注水消火が好ましくない	過酸化カルシウム、過酸化バリウム、過酸化マグネシウム	アルカリ土類金属などの過酸化物	

第2類危険物 （可燃性固体）

1 第2類危険物に共通する性状等

問題1

第2類の危険物に共通する性状として、次のうち誤っているものはどれか。

(1) 一般に、水に溶けやすく、比重は1より大きい。

(2) いずれも可燃性の固体である。

(3) 比較的低い温度で着火または引火しやすく、燃焼速度が速い。

(4) 酸化剤と接触または混合すると、加熱や打撃等によって爆発する危険性がある。

(5) それ自体が有毒なもの、あるいは燃焼すると有毒ガスを発生するものがある。

問題2

第2類の危険物の消火の方法として、次のうち正しいものはどれか。

(1) 硫黄の火災には、水、強化液、泡による注水冷却消火が適切である。

(2) 赤りんの火災には、泡、二酸化炭素、ハロゲン化物、粉末消火剤による窒息消火が適切である。

(3) 引火性固体の火災には、水、強化液、泡による注水冷却消火が適切である。

(4) 硫化りんの火災には、乾燥砂による窒息消火は適さない。

(5) マグネシウムの火災には、乾燥砂による窒息消火は適さない。

問題1 解説　　　　　　　　　第2類危険物の共通の性状 ⇨ 速 P.64

 ここがPOINT!

第2類危険物の性状
①いずれも可燃性の固体である
②燃えやすい、つまり酸化されやすい物質である
③酸化剤と接触または混合すると、加熱や打撃等によって爆発する危険性がある
④比較的低い温度で着火または引火しやすく、燃焼速度が速い
⑤それ自体が有毒なもの、あるいは燃焼すると有毒ガスを発生するものがある
⑥一般に、比重は1より大きく、水には溶けない
⑦微粉状のものは、空気中で粉じん爆発を起こしやすい

（1）　誤り。第2類危険物は、一般に水には溶けません（上の⑥）。

正解（1）

問題2 解説　　　　　　　　　　　　　消火の方法 ⇨ 速 P.66

 ここがPOINT!

第2類危険物の消火の方法

	品　名	消火の方法
①	硫化りん、鉄粉、金属粉、マグネシウム（水と接触すると発火／有毒ガスを発生するもの）	乾燥砂、不燃性ガス（硫化りんのみ）などによる窒息消火。金属粉は注水厳禁
②	引火性固体	泡、二酸化炭素（ガス）、ハロゲン化物（ガス）、粉末消火剤による窒息消火
③	赤りん、硫黄（①と②以外）	水、強化液、泡による注水冷却消火

正しいものは(1)です。

（2）　赤りんも、硫黄と同じです。注水冷却消火です。

（3）　引火性固体の消火法は窒息消火です。

（4）、（5）　硫化りんとマグネシウムには上の①の乾燥砂などによる窒息消火が適しています。

消火の方法は、まず②と③を確実に覚えましょう。

正解（1）

問題3

硫化りんの性状として、次のうち誤っているものはどれか。

(1) 水（三硫化りんは熱湯）と反応して硫化水素を発生する。

(2) いずれも二硫化炭素に溶ける。

(3) 燃焼すると、有毒な亜硫酸ガス（二酸化硫黄）を生じる。

(4) 黄色か淡黄色の結晶である。

(5) いずれもベンゼンに溶ける。

問題4

赤りんの性状として、次のうち誤っているものはどれか。

(1) 第3類危険物の黄りんの同素体である。

(2) 黄りんに比べると安定しており、マッチ、医薬品、農薬の原料などに使用される。

(3) 赤褐色の粉末である。

(4) 純粋なものは自然発火する（黄りんとの混合物は自然発火しない）。

(5) 燃焼すると、有毒なりん酸化物（十酸化四りん）が生じる。

問題3 解説　　　　　　　　　　　　　　硫化りん ⇨ 速 P.68

　ここがPOINT!

硫化りんの性状
①水（三硫化りん〔三硫化四りん P$_4$S$_3$〕は熱湯）と反応して硫化水素（可燃性・有毒）を発生　②二硫化炭素に溶ける　③燃焼すると、有毒な亜硫酸ガス（二酸化硫黄）を生じる　④色はどれも黄色か淡黄色で、いずれも結晶　⑤比重・融点・沸点とも、三硫化りん、五硫化りん（五硫化二りん P$_2$S$_5$）、七硫化りん（七硫化四りん P$_4$S$_7$）の順に高くなる　⑥三硫化りんの発火点は100℃なので、酸化剤や金属粉との混合を避ける

(5)　誤り。三硫化りんだけがベンゼンに溶けます。

正解（5）

水（**熱湯**）では硫化水素、
燃焼では亜硫酸ガスを発生します。

問題4 解説　　　　　　　　　　　　　　赤りん ⇨ 速 P.70

　ここがPOINT!

赤りんの性状
①第3類危険物の黄りんの同素体　黄りんに比べると安定　マッチ、医薬品、農薬の原料などに使用　②赤褐色の粉末　③常圧（1気圧）では約400℃で昇華　④水、二硫化炭素に溶けない　⑤臭気、毒性はない　⑥空気中で点火すると、粉じん爆発の危険がある　⑦黄りんとの混合物は自然発火（純粋なものは自然発火しない）　⑧酸化剤と混合すると、摩擦熱でも発火　⑨燃焼で、有毒なりん酸化物（十酸化四りん P$_4$O$_{10}$）を生じる

(4)　誤り。説明が逆です。赤りんと黄りんとの混合物は自然発火し、純粋な赤りんは自然発火しません。

正解（4）

赤りんは、そのままでは無臭で無毒ですが、
燃焼すると有毒なガスを発生します。

問題 5 ▶ ☑ ☑

次のA～Eの硫黄の性状について、正しいものの組合わせはどれか。

A　黄色の固体（斜方硫黄）である。

B　無味であるが刺激臭がある。

C　電気の不良導体である。

D　水には溶けないが、二硫化炭素には溶ける。

E　エタノールには溶けない。

(1)　A　B　　(2)　A　B　C　　(3)　A　C　D

(4)　B　C　　(5)　B　C　D

問題 6 ▶ ☑ ☑

硫黄の貯蔵・取扱いの方法として、次のうち最も不適当なものはどれか。

(1)　硫黄粉が空気中を浮遊しないようにする。

(2)　酸化剤と混合しないようにする。

(3)　粉末状のものは、二層以上にしたクラフト紙袋に貯蔵できる。

(4)　塊状のものは、わら袋には貯蔵できない。

(5)　規則に従えば、屋外に貯蔵することもできる。

問題5　解説　　　　　　　　　　　　　　　　　　　硫黄 ⇨ 速 P.70

ここがPOINT!

硫黄の性状

①斜方硫黄、単斜硫黄、ゴム状硫黄などの同素体が存在する　②硫酸、ゴムなどの原料として利用　③黄色の固体（斜方硫黄）　④無味無臭　⑤水には溶けないが、二硫化炭素に溶ける　⑥エタノール、ジエチルエーテル、ベンゼンにわずかに溶ける　⑦約360℃で発火し、亜硫酸ガス（二酸化硫黄）を発生　⑧硫黄粉は、粉じん爆発を起こす危険性　⑨電気の不良導体。静電気を発生しやすい

正しいものはA、C、Dです。

A　正しい（上の③）。

B　誤り。無味であり、無臭です（上の④）。

C　正しい（上の⑨）。

D　正しい（上の⑤）。

E　誤り。エタノールにはわずかに溶けます（上の⑥）。

正解（3）

問題6　解説　　　　　　　　　　　　　　　　　　　硫黄 ⇨ 速 P.70

ここがPOINT!

硫黄の貯蔵の方法

①次のものに貯蔵できる

　塊状：わら袋、麻袋

　粉末状：二層以上にしたクラフト紙袋、麻袋（内袋付き）

②規則に従えば屋外貯蔵ができる

（4）　不適当。塊状のものはわら袋、麻袋に保存できます。

（1）　適当。粉じん爆発の危険性を避けるためです。

（2）　適当。第2類の危険物は、燃えやすい、つまり酸化されやすいので、酸化剤との混合はできません。

正解（4）

硫黄の貯蔵方法は、少し特別です。
正しい内容をしっかり覚えておきましょう。

第2類　第2類危険物（可燃性固体）

問題7

アルミニウム粉の性状として、次のA〜Eのうち正しいものはいくつあるか。

A 銀白色の粉末である。

B 酸にもアルカリにも反応して酸素を発生する。

C 水に反応して酸素を発生する。

D 空気中の水分により自然発火することがある。

E ハロゲン元素と接触すると、自然発火することがある。

(1) 1つ (2) 2つ (3) 3つ (4) 4つ (5) 5つ

問題8

マグネシウムの性状として、次のうち誤っているものはどれか。

(1) 目開き（網の目の大きさ）が2㎜の網ふるいを通過しない塊状のもの、および直径が2㎜以上の棒状のものは除外される。

(2) 銀白色の金属結晶である。

(3) 常温の乾いた空気中では表面が薄い酸化被膜で覆われるため、酸化が進行しない。

(4) 酸と反応するが、アルカリとは反応しない。

(5) 空気中で乾燥すると発熱し、自然発火することがある。

問題 7 解説

金属粉 ⇨ 速 P.74

ここがPOINT!

アルミニウム粉の性状等

①銀白色の粉末　②両性元素であり、酸（塩酸、硫酸など）にもアルカリ（水酸化ナトリウムなど）にも反応して水素を発生　③水と徐々に反応して水素を発生　④空気中の水分により自然発火　⑤ハロゲン元素と接触すると、自然発火　⑥消火の際は、乾燥砂などで覆い、窒息消火する

正しいものは、A、D、Eの３つです。

A　正しい（上の①）。

B　誤り。発生するのは「酸素」ではなく「水素」です（上の②）。

C　誤り。発生するのは「酸素」ではなく「水素」です（上の③）。

D　正しい（上の④）。

E　正しい（上の⑤）。

正解（3）

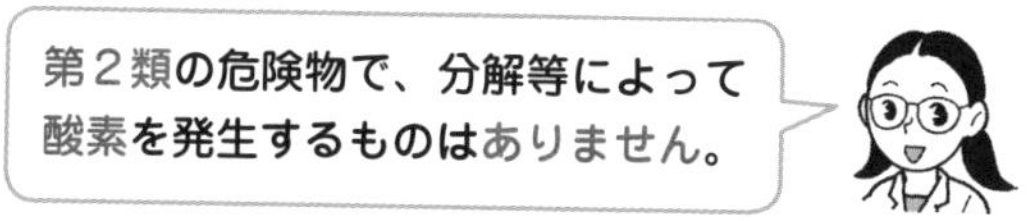
第２類の危険物で、分解等によって
酸素を発生するものはありません。

問題 8 解説

マグネシウム ⇨ 速 P.75

ここがPOINT!

マグネシウムの性状

①目開きが２㎜の網ふるいを通過しない塊状のもの、および直径が２㎜以上の棒状のものは除外　②銀白色の金属結晶　③常温の乾いた空気中では表面が薄い酸化被膜で覆われるため、酸化が進行しない　④酸と反応するが、アルカリとは反応しない　⑤希薄な酸や熱水に速やかに反応して（水には徐々に反応して）水素を発生　⑥点火すると、白光を放って激しく燃焼　⑦空気中で吸湿すると発熱し、自然発火することがある　⑧酸化剤と混合すると打撃等で発火する

(5)　誤り。「乾燥」ではなく、「吸湿」すると発熱します（上の⑦）。

正解（5）

①第2類危険物の主な物品

品　名	物品名	化学式	形　状	溶　解	
硫化りん	三硫化りん（三硫化四りん）	P_4S_3	黄色の結晶	二硫化炭素、ベンゼンに溶ける	
	五硫化りん（五硫化二りん）	P_2S_5	淡黄色の結晶	二硫化炭素に溶ける（七硫化りんはわずか）	
	七硫化りん（七硫化四りん）	P_4S_7			
赤りん	赤りん	P	赤褐色の粉末	水、二硫化炭素に溶けない	
硫黄	硫黄	S	黄色の固体（斜方硫黄）	二硫化炭素に溶けるエタノール、ジエチルエーテル、ベンゼンにわずかに溶ける	
鉄粉	鉄粉	Fe	灰白色の金属結晶	酸に溶けて水素を発生アルカリには溶けない	
金属粉	アルミニウム粉	Al	銀白色の粉末		
	亜鉛粉	Zn	灰青色の粉末		
マグネシウム	マグネシウム	Mg	銀白色の金属結晶		
引火性固体	固形アルコール	－	乳白色のゲル状（ゼリー状）		
	ゴムのり	－	ゲル状の固体	水に溶けない	
	ラッカーパテ	－	ゲル状の固体		

物品名	性質・その他	消火方法
三硫化りん （三硫化四りん）	熱水と反応して硫化水素（可燃性・有毒）を発生 100℃で発火。燃焼して亜硫酸ガス（有毒）を発生	乾燥砂・不燃性ガスで窒息消火
五硫化りん （五硫化二りん）	水と反応して硫化水素（可燃性・有毒）を発生 燃焼して亜硫酸ガス（有毒）を発生	
七硫化りん （七硫化四りん）		
赤りん	臭気・毒性なし。マッチの原料。黄りんと同素体。黄りんよりも安定 260℃で発火し十酸化四りんを発生。黄りんとの混合物は自然発火。空気中で点火すると粉じん爆発の危険	注水による冷却消火
硫黄	黒色火薬・硫酸・ゴムの原料。電気の不良導体 塊はわら袋・麻袋に、粉はクラフト紙袋（二層以上）・麻袋（内袋付き）に貯蔵可能 約360℃で発火し亜硫酸ガス（有毒）を発生。粉は粉じん爆発の危険	土砂で流動を防ぎながら注水による冷却消火
鉄粉	油の染みた切削屑などは自然発火の危険	乾燥砂などで窒息消火
アルミニウム粉	両性元素。酸にもアルカリにも反応して水素を発生。水と徐々に反応して水素を発生 空気中の水分、ハロゲン元素に反応して自然発火	乾燥砂などで覆い、窒息消火 注水厳禁
亜鉛粉	両性元素。空気中の水分、酸、アルカリと反応して水素を発生 空気中の水分、ハロゲン元素に反応して自然発火 アルミニウム粉よりも危険性が低い	
マグネシウム	乾いた空気中では酸化被膜で保護され酸化が進行しないアルカリには反応しない。希薄な酸や熱水に速やかに反応して水素を発生。水とは徐々に反応して水素を発生 空気中で吸湿すると自然発火の危険 点火すると、白光を放って激しく燃焼	
固形アルコール	メタノールまたはエタノールを凝固剤で固めたもの 40℃未満でも可燃性蒸気を発生。常温でも引火の危険	泡、二酸化炭素、粉末消火剤で窒息消火
ゴムのり	生ゴムをベンゼンなどの石油系溶剤に溶かした接着剤 引火点は10℃以下。常温以下で可燃性蒸気を発生	
ラッカーパテ	トルエン、酢酸ブチル、ブタノール等を配合した下地修正塗料。引火点は10℃（含有成分により異なる）。蒸気滞留で爆発。蒸気吸入すると、有機溶剤中毒の危険	

第2類　第2類危険物（可燃性固体）

②第2類危険物に共通する性状等

共通する主な性状	貯蔵・取扱い・火災予防の方法
● いずれも可燃性の固体 ● 燃えやすい（酸化されやすい） ● 酸化剤と接触または混合すると加熱や打撃等により爆発する危険性がある ● 比較的低い温度で着火・引火しやすい ● 燃焼速度が速い ● それ自体が有毒なもの、または燃焼すると有毒ガスを発生するものがある ● 一般に比重は1より大きい ● 一般に水には溶けない ● 微粉状のものは、空気中で粉じん爆発を起こしやすい	● 酸化剤との接触や混合を避ける ● 炎、火花等との接触、加熱を避ける ● 一般に防湿に注意し、容器は密封 ● 鉄粉、金属粉、マグネシウムは、水または酸との接触を避ける
	消火方法
	● 硫化りん、鉄粉、金属粉、マグネシウム ⇒乾燥砂、不燃性ガス（硫化りんのみ）などによる窒息消火 ● 引火性固体 ⇒泡、二酸化炭素、ハロゲン化物、粉末消火剤による窒息消火 ● 赤りん ⇒注水（水、強化液、泡）による冷却消火 ● 硫黄 ⇒土砂で流動を防ぎながら注水による冷却消火

③第2類危険物が溶けるもの

二硫化炭素に溶ける	硫化りん（七硫化りんはわずか）、硫黄
ベンゼンに溶ける	三硫化りん
エタノール等に溶ける	硫黄（わずか）
酸に溶ける	鉄粉

④ガスを発生するもの

三硫化りん	熱水に反応	硫化水素（可燃性・有毒）
	燃焼して	亜硫酸ガス（有毒）
五硫化りん、七硫化りん	水に反応	硫化水素（可燃性・有毒）
	燃焼して	亜硫酸ガス（有毒）
硫黄	約360℃で発火	亜硫酸ガス（有毒）
鉄粉	酸に溶けて	水素
アルミニウム粉	酸・アルカリに反応	
	水に徐々に反応	
亜鉛粉	酸・アルカリに反応	
	空気中の水分に反応	
マグネシウム	希薄な酸に反応	
	熱水に反応（水には徐々に反応）	

⑤自然発火するもの

赤りん	黄りんとの混合物
鉄粉	油の染みた切削屑
金属粉（アルミニウム粉、亜鉛粉）	空気中の水分、ハロゲン元素に反応
マグネシウム	空気中で吸湿して

⑥粉じん爆発を起こすもの

赤りん、硫黄（粉）、鉄粉、アルミニウム粉、マグネシウム

⑦引火点が低いものとその引火点

	固形アルコール	40℃未満
引火性固体	ゴムのり	10℃以下
	ラッカーパテ	10℃

⑧硫黄の貯蔵方法

塊状	わら袋・麻袋	に貯蔵可能
粉末状	クラフト紙袋（二層以上）・麻袋（内袋付き）	

⑨消火方法

硫化りん、鉄粉、金属粉、マグネシウム	乾燥砂、不燃性ガス（硫化りんのみ）など	窒息消火
引火性固体	泡、二酸化炭素、粉末消火剤	窒息消火
赤りん	注水（水、強化液、泡）	冷却消火
硫黄	土砂で流動を防ぎながら注水	冷却消火

第2類　第2類危険物（可燃性固体）

第3類危険物 （自然発火性物質および禁水性物質）

1 第3類危険物に共通する性状等

問題1

第3類の危険物に共通する性状として、次のうち誤っているものはどれか。

(1) リチウムは自然発火性のみ、黄りんは禁水性のみという例外もあるが、大部分は自然発火性と禁水性の両方の性質を有する。

(2) 常温（20℃）で固体または液体のものがある。

(3) 無機の単体・化合物だけでなく、有機化合物も含まれる。

(4) 空気または水と接触することによって、直ちに危険性が生じる。

(5) それ自体燃えるもの（可燃性）だけでなく、燃えないもの（不燃性）もある。

問題2

次のA〜Eの第3類危険物の貯蔵と消火の方法等について、正しいものの組合わせはどれか。

A 不活性ガスの中で貯蔵するものはない。

B 保護液の中に小分けして貯蔵するものがある。

C ほとんどのものに、水・泡系の消火剤が使用できる。

D ほとんどのものの消火に、炭酸水素塩類を主成分とする粉末消火剤を使用することができる。

E 第3類の危険物のすべての消火に、乾燥砂、膨張ひる石（バーミキュライト）、膨張真珠岩（パーライト）を使用することができる。

(1) A B (2) A B C (3) A C D

(4) B C (5) B D E

問題1　解説　　　　　　　　　　　　　　　共通の性状 ⇨ 速 P.92

 ここがPOINT！

第3類危険物の性状

①黄りんは自然発火性のみ、リチウムは禁水性のみという例外もあるが、大部分は自然発火性＋禁水性の両方の性質を有する

②常温（20℃）で固体または液体のものがある

③無機の単体・化合物だけでなく、有機化合物も含まれる

④空気または水と接触することによって、直ちに危険性が生じる

⑤それ自体燃えるもの（可燃性）だけでなく、燃えないもの（不燃性）もある

（1）　誤り。黄りんとリチウムが反対です（上の①）。

正解（1）

例外の黄りんとリチウムをしっかり覚えましょう。

問題2　解説　　　　　　　　貯蔵・取扱い・保管方法、消火の方法 ⇨ 速 P.94

 ここがPOINT！

第3類危険物の貯蔵の方法

○不活性ガスの中で貯蔵したり、保護液の中に小分けして貯蔵したりするものがある

第3類危険物の消火の方法

黄りん （禁水性ではない）	禁水性の物質 （リチウムは禁水性のみ）	
水・泡系消火剤	炭酸水素塩類を主成分とする粉末消火剤	
乾燥砂、膨張ひる石、膨張真珠岩で覆う		

正しいものは、B、D、Eです。

A　不活性ガスの中で貯蔵するものもあります。

C　水・泡系の消火剤が使用できるのは、黄りんだけです。

正解（5）

問題3

カリウムの性状として、次のうち誤っているものはどれか。

(1) 銀白色の軟らかい金属である。

(2) 水よりも軽く、吸湿性がある。

(3) 水との反応性が強く水素と熱を発生する。

(4) アルコールには溶けない。

(5) 金属（鉄、銅など）を腐食する。

問題4

ナトリウムの性状等として、次のうち誤っているものはどれか。

(1) 銀白色の軟らかい金属である。

(2) 比重は0.97、融点は97.8℃で、いずれの数値もカリウムより小さい。

(3) 水と激しく反応し、アルコールに溶ける。いずれの場合も水素と熱を発生する。

(4) 融点以上に加熱すると黄色の炎を出して燃焼する。

(5) 灯油などの保護液の中に小分けして貯蔵する。

問題3 解説　　　　　　　　　　**カリウムとナトリウム** ⇨ 速 **P.96**

 ここがPOINT!

カリウムの性状等

①銀白色の軟らかい金属　②比重0.86、融点63.2℃　③吸湿性がある　④水との反応性が強く水素と熱を発生し、発火する　⑤アルコールに溶けて水素と熱を発生する　⑥融点以上に加熱すると紫色の炎を出して燃焼　⑦空気に接触するとすぐに酸化される　⑧金属（鉄、銅など）を腐食する　⑨ハロゲン元素と激しく反応する　⑩有機物に対して強い還元作用　⑪長時間空気に触れると自然発火　⑫皮膚に触れると炎症の原因　⑬灯油などの保護液の中に小分けして貯蔵　⑭貯蔵する場所の床面は、湿気を避けて地面より高くする　⑮ハロゲン系や水・泡等の水系の消火剤は使用不可（発火の危険）

(4)　誤り。カリウムは、アルコールに溶けて水素と熱を発生します（上の⑤）。

正解（4）

問題4 解説　　　　　　　　　　**カリウムとナトリウム** ⇨ 速 **P.96**

 ここがPOINT!

ナトリウムの性状等

①銀白色の軟らかい金属　②比重0.97、融点97.8℃　③水と激しく反応して、水素と熱を発生する(反応性はカリウムより弱い)　④アルコールに溶けて水素と熱を発生する　⑤融点以上に加熱すると黄色の炎を出して燃焼

(2)　誤り。ナトリウムの比重は0.97、融点は97.8℃で、いずれの数値もカリウムより大きいです。

正解（2）

> ナトリウムの①、④はカリウムと同じです。
> また、カリウムの⑪～⑮はナトリウムにも当てはまります。
> このように性状等が似ているので、2つの共通点について問う問題もよく出されます。

問題5

アルキルアルミニウムの性状等として、次のA～Eのうち正しいものはいくつあるか。

A　アルキル基の炭素数またはハロゲン数が多いものほど、空気や水との反応性は小さくなる。

B　反応性を低減させるために、ヘキサンやベンゼンなどの溶剤で希釈する。

C　窒素などの不活性ガスの中で貯蔵し、空気や水と接触させてはいけない。

D　ハロゲン化物とも激しく反応し、有毒ガスを発生する。

E　容器は耐圧性のものを使用し、容器の破損を防ぐために安全弁をつける。

(1)　1つ　　(2)　2つ　　(3)　3つ　　(4)　4つ　　(5)　5つ

問題6

黄りんの性状等として、次のうち誤っているものはどれか。

(1)　発火点は100℃より低い。

(2)　水には溶けないが、二硫化炭素やベンゼンには溶ける。

(3)　空気中で徐々に酸化し、発火点に達すると自然発火する。

(4)　空気に触れないように、灯油などの保護液の中で貯蔵する。

(5)　猛毒性を有し、内服すると数時間で死亡する。

問題5 解説　　　　　　　　　　　　　　アルキルアルミニウム ⇨ 速 P.97

ここがPOINT!

アルキルアルミニウムの性状等
①固体または液体　②アルキル基の炭素数やハロゲン数が多いものほど、空気や水との反応性が小さい　③ヘキサン、ベンゼンなどの溶剤で希釈すると反応性が低減　④空気に触れると発火　⑤水と接触すると激しく反応、発生したガスが発火し、アルキルアルミニウムを飛散　⑥高温（約200℃）で不安定になり分解　⑦燃焼時に発生する白煙は刺激性、多量吸入で気管や肺がおかされる　⑧皮膚と接触すると火傷　⑨ハロゲン化物と激しく反応、有毒ガスを発生　⑩窒素などの不活性ガスの中で貯蔵、空気や水とは絶対に接触させない　⑪耐圧性の容器を使用、容器の破損を防ぐために安全弁をつける　⑫保護具を着用して取り扱う　⑬火勢が小さい→粉末消火剤　⑭火勢が大きい→乾燥砂などで流出を防ぎ、燃えつきるまで監視

A～Eは、すべて正しい内容です。

正解（5）

問題6 解説　　　　　　　　　　　　　　　　　　黄りん ⇨ 速 P.99

ここがPOINT!

黄りんの性状等
①白色または淡黄色のロウ状の固体　②比重1.82、融点44℃、発火点34～60℃　③野菜のニラに似た不快臭　④暗所では青白～黄緑色のりん光を発する　⑤水には溶けない、二硫化炭素やベンゼンには溶ける　⑥空気中で徐々に酸化、発火点に達すると自然発火　⑦猛毒性を有し、内服すると数時間で死亡　⑧酸化されやすく、発火点が低いので、空気中に放置すると激しく燃焼　⑨燃焼する際に有毒な十酸化四りんを生じる　⑩酸化剤と激しく反応して発火　⑪皮膚に触れると火傷することがある　⑫アルカリと接触すると有毒なりん化水素を発生　⑬空気に触れないように、水（保護液）の中に貯蔵　⑭燃焼の際に流動することがあるため、水と土砂を用いて消火

（4）　誤り。黄りんの保護液は「灯油」ではなく「水」です（上の⑬）。

正解（4）

黄りんは、唯一禁水性ではないので、水の中で貯蔵できます。

第3類　第3類危険物（自然発火性物質および禁水性物質）

4 ジエチル亜鉛、炭化カルシウム

問題7

ジエチル亜鉛の性状等として、次のうち誤っているものはどれか。

(1) 無色の液体である。

(2) ジエチルエーテル、ベンゼン、ヘキサンに溶ける。

(3) 空気に触れると潮解する。

(4) 水、アルコール、酸と激しく反応し、可燃性のガスを発生する。

(5) 窒素などの不活性ガスの中で貯蔵し、空気や水と絶対に接触させない。

問題8

次のA〜Eの炭化カルシウムの性状等について、正しいものの組合わせはどれか。

A 一般には不純で灰色の結晶であるが、純粋なものは黄色の結晶である。

B 高温では強い還元性を有し、多くの酸化物を還元する。

C 水と反応して熱と可燃性・爆発性のアセチレンガスを発生し、消石灰（水酸化カルシウム）となる。

D アセチレンガスが銅や銅合金などと反応して、あらたな爆発性化合物を生成する。

E 火災の際には注水をする。

(1) A B (2) A B C (3) A C D

(4) B C (5) B C D

問題7　解説　　　　　　　　　　　　　有機金属化合物 ⇨ 速 P.103

 ここがPOINT!

ジエチル亜鉛の性状等
①無色の液体　②比重1.2、融点－28℃　③ジエチルエーテル、ベンゼン、ヘキサンに溶ける　④空気に触れると自然発火　⑤水、アルコール、酸と激しく反応し、可燃性のエタンガスを発生　⑥引火性がある　⑦窒素などの不活性ガスの中で貯蔵・取扱いを行い、空気や水と絶対に接触させない　⑧容器は完全に密封する　⑨粉末消火剤（ハロゲン系消火剤は反応して有毒ガスを発生するので使えない）で消火

(3)　誤り。ジエチル亜鉛は、空気に触れると「潮解」ではなく「自然発火」します（上の④）。

正解（3）

> 上の④、⑤のように空気や水と激しく反応するので、⑦の貯蔵方法が必要になります。

問題8　解説　　　　　カルシウムまたはアルミニウムの炭化物 ⇨ 速 P.108

 ここがPOINT!

炭化カルシウムの性状等
①純粋なものは無色透明または白色の結晶（一般には不純で灰色）　②吸湿性がある　③不燃性である　④高温では強い還元性を有し、多くの酸化物を還元する　⑤水と反応して熱とアセチレンガス（可燃性・爆発性）を発生し、水酸化カルシウム（消石灰）となる　⑥アセチレンガスが銅や銅合金などと反応して、あらたな爆発性化合物を生成する　⑦高温で窒素ガスと反応させると、石灰窒素を生成する　⑧貯蔵の際には、必要に応じて、窒素などの不活性ガスを封入　⑨粉末消火剤または乾燥砂などで窒息消火　⑩注水は絶対に避ける

正しいものは、B、C、Dです。

A　純粋な炭化カルシウムは「黄色」ではなく「無色透明または白色」の結晶です（上の①）。

E　消火の際には「注水」は絶対に避けます（上の⑩）。注水をすると上の⑤、⑥のような危険な状態になるためです。

正解（5）

①第３類危険物の主な物品

品　名	物品名	化学式	形　状	
カリウム	カリウム	K	銀白色の軟らかい金属	
ナトリウム	ナトリウム	Na		
アルキルアルミニウム	アルキルアルミニウム	−	固体または液体	
アルキルリチウム	ノルマルブチルリチウム	$(C_4H_9)Li$	無色の液体（淡黄色〜黄褐色に変化）	
黄りん	黄りん	P	白色または淡黄色のロウ状の固体	
アルカリ金属*1およびアルカリ土類金属	リチウム	Li	銀白色の金属結晶	
	カルシウム	Ca		
	バリウム	Ba		
有機金属化合物*2	ジエチル亜鉛	$Zn(C_2H_5)_2$	無色の液体	
金属の水素化物	水素化ナトリウム	NaH	灰色の結晶	
	水素化リチウム	LiH		
金属のりん化物	りん化カルシウム	Ca_3P_2	暗赤色の塊状固体（または粉末）	
カルシウムまたはアルミニウムの炭化物	炭化カルシウム	CaC_2	純粋なものは無色透明または白色の結晶（一般には不純物で灰色）	
	炭化アルミニウム	Al_4C_3	純粋なものは無色透明または白色の結晶（一般には不純物で黄色）	
塩素化けい素化合物	トリクロロシラン	$SiHCl_3$	無色の液体	

*1：カリウム、ナトリウム以外のもの　　*2：アルキルアルミニウム、アルキルリチウム以外のもの

物品名	溶解・その他	消火方法
カリウム	水との反応性が強く、水素と熱を発生 アルコールに溶け、水素と熱を発生 ハロゲン元素に激しく反応	乾燥砂などで覆い、窒息消火 注水厳禁
ナトリウム	水と激しく反応して、水素と熱を発生 アルコールに溶け、水素と熱を発生	
アルキルアルミニウム	水との接触で激しく反応し、発生したガスが発火してアルキルアルミニウムを飛散させる ハロゲン化物と激しく反応、有毒ガスを発生	効果的な消火薬剤がなく、消火困難 火勢が大きい場合は乾燥砂、膨張ひる石などで流出を防ぎ、火勢を抑制しながら燃えつきるまで監視する 水・泡は厳禁
ノルマルブチルリチウム	水、アルコール類などと激しく反応	
黄りん	水に溶けず、二硫化炭素やベンゼンに溶ける	融点が低く、燃焼の際に流動することがあるため、水と土砂を用いて消火
リチウム	水と接触すると、常温では徐々に、高温では激しく反応して水素を発生	乾燥砂などで窒息消火 注水厳禁
カルシウム		
バリウム	水と反応して水素を発生	
ジエチル亜鉛	水、アルコール、酸と激しく反応し、可燃性の炭化水素ガス（エタンガスなど）を発生	粉末消火剤で消火 ハロゲン系消火剤は使用不可 水・泡は厳禁
水素化ナトリウム	水と激しく反応して水素を発生	乾燥砂などで窒息消火 注水厳禁
水素化リチウム		
りん化カルシウム	水、弱酸と反応して激しく分解し、りん化水素を発生	乾燥砂以外はほとんど効果がない
炭化カルシウム	水と反応して熱とアセチレンガス（可燃性・爆発性）を発生	粉末消火剤または乾燥砂などで窒息消火 注水厳禁
炭化アルミニウム	水と常温でも反応してメタンガス（可燃性・爆発性）を発生	
トリクロロシラン	水に溶けて加水分解し、塩化水素（HCl）を発生 ベンゼン、ジエチルエーテル、二硫化炭素に溶ける	乾燥砂、膨張ひる石、膨張真珠岩で窒息消火 注水厳禁

②第3類危険物に共通する性状等

共通する主な性状	貯蔵・取扱い・火災予防の方法
<ul><li>常温（20℃）で固体のものもあれば、液体のものもある</li><li>無機の単体・化合物だけでなく、有機化合物も含まれる</li><li>空気または水と接触することによって直ちに危険性が生じる</li><li>それ自体燃えるもの（可燃性）だけでなく、燃えないもの（不燃性）もある</li><li>黄りんは自然発火性のみ、リチウムは禁水性のみというように、一方の性質だけを有する物品もあるが、大部分は自然発火性と禁水性の両方の性質を有する</li></ul>	<ul><li>禁水性の物品は水との接触を避ける</li><li>自然発火性の物品は、空気との接触を避ける</li><li>自然発火性の物品は炎、火花、高温体との接触または加熱を避ける</li><li>湿気を避け、容器は密封する</li><li>通風・換気のよい冷暗所に保管する</li><li>物品により、不活性ガスの中で貯蔵したり、保護液の中に小分けして貯蔵したりする</li></ul>

消火方法

- 禁水性の物品に水・泡系は使用不可

自然発火性のみ	自然発火性＋禁水性	禁水性のみ
黄りん	第3類の大部分のもの	リチウム

黄りん 非禁水性	禁水性の物品	
水・泡系消火剤	粉末消火剤（炭酸水素塩類）	
乾燥砂、膨張ひる石、膨張真珠岩で覆う		

③金属の形状

カリウム、ナトリウム	銀白色の軟らかい金属
リチウム、カルシウム、バリウム	銀白色の金属結晶

④金属の炎色反応

カリウム	紫色
ナトリウム	黄色
リチウム	深赤色
カルシウム	橙色
バリウム	黄緑色

炎色反応：アルカリ金属やアルカリ土類金属などが燃えるとき、炎がその金属元素特有の色を示す反応。

⑤密栓しないもの

アルキルアルミニウム、ノルマルブチルリチウム	保管容器は耐圧性のものを使用し、さらに容器の破損を防ぐために安全弁または可溶栓をつける

⑥水と反応して水素を発生するもの

カリウム、ナトリウム、リチウム、カルシウム、バリウム、水素化ナトリウム、水素化リチウム

※酸素を発生するものはない

⑦水との反応で発生する水素以外のガス

ジエチル亜鉛	エタンガス	可燃性
りん化カルシウム	りん化水素	有毒・可燃性
炭化カルシウム	アセチレンガス	可燃性・爆発性
炭化アルミニウム	メタンガス	可燃性・爆発性
トリクロロシラン	塩化水素	有毒

⑧保護液の中で貯蔵するもの

カリウム、ナトリウム	灯油（軽油、流動パラフィン、ヘキサンも）
黄りん	水

⑨不活性ガスの中で貯蔵するもの

アルキルアルミニウム、ノルマルブチルリチウム、ジエチル亜鉛、水素化ナトリウム、水素化リチウム、炭化カルシウム、炭化アルミニウム

※炭化カルシウム、炭化アルミニウムは必要に応じて

⑩不活性ガスに用いられるもの

窒素、ヘリウム、ネオン、アルゴンなど

⑪不燃性のもの

りん化カルシウム、炭化カルシウム

⑫自然発火性の物品

カリウム、ナトリウム、アルキルアルミニウム、ノルマルブチルリチウム、黄りん、カルシウム（粉）、バリウム（粉）、ジエチル亜鉛、水素化ナトリウム、水素化リチウム

⑬禁水性の物品

黄りん以外のすべて

第3類　第3類危険物（自然発火性物質および禁水性物質）

第5類危険物 （自己反応性物質）

問題 1

第5類の危険物に共通する性状として、次のうち誤っているものはどれか。

(1) すべて可燃性の物質である。

(2) 大部分のものが燃焼に必要な酸素を分子中に含有している。

(3) 自己燃焼（内部燃焼）しやすく、爆発するものが多い。

(4) 比重は1よりも大きい。

(5) 燃焼速度は遅い。

問題 2

次のA～Eの第5類危険物の消火の方法について、正しいものの組合わせはどれか。

A 一般的に窒息消火は効果がある。

B 一般的に大量の水または泡消火剤によって分解温度未満に冷却するという消火方法を用いる。

C アジ化ナトリウムだけは乾燥砂を使って消火する。

D ガス系消火剤と粉末消火剤は有効ではない。

E 危険物の量が多い場合でも、火災の初期の段階で大量の水を棒状放射すれば消火ができる。

(1) A B　　(2) A B C　　(3) A C D

(4) B E　　(5) B C D

問題1　解説　　　　　　　　　　　第5類危険物の共通の性状 ⇨ 速 P.124

ここがPOINT!

第5類危険物の性状

①いずれも可燃性の固体または液体　②比重は1より大きい　③大部分のものが酸素を分子内に含んでおり、自己燃焼しやすく、燃焼速度が非常に速い　④加熱、衝撃、摩擦等によって発火し、爆発を起こすものが多い　⑤空気中に長時間放置すると分解が進み、自然発火するものがある　⑥引火性を有するものがある　⑦金属と作用して、爆発性の金属塩を作るものがある

(5)　誤り。第5類危険物の燃焼速度は非常に速いです（上の③）。

正解（5）

第5類危険物の多くは有機化合物ですが、
アジ化ナトリウムなどは無機化合物です。

問題2　解説　　　　　　　　貯蔵・取扱い・保管方法、消火の方法 ⇨ 速 P.126

ここがPOINT!

第5類危険物の貯蔵の方法

○エチルメチルケトンパーオキサイドは容器を密栓しない

第5類危険物の消火の方法

①第5類危険物は可燃物と酸素供給源とが共存し、自己燃焼性があるため、周りの空気から酸素の供給を断つ窒息消火では効果がない

②大量の水または泡消火剤によって分解温度未満に冷却する

③火災の初期の段階で危険物の量が少ない場合には消火可能だが、危険物の量が多い場合には消火は極めて困難

④アジ化ナトリウムだけは乾燥砂を使う

正しいものは、B、C、Dです。

A　一般に窒息消火は効果がありません（上の①）。

E　危険物の量が多い場合は消火は極めて困難です。（上の③）

正解（5）

ガス系消火剤（二酸化炭素、ハロゲン化物）と
粉末消火剤（りん酸塩類、炭酸水素塩類）を使っ
た窒息消火は、有効ではありません。

第5類

第5類危険物（自己反応性物質）

問題3

過酸化ベンゾイルの性状として、次のうち誤っているものはどれか。

(1) 白色粒状結晶の固体である。

(2) 融点は106 〜 108℃である。

(3) 発火点は125℃である。

(4) 加熱すると100℃前後で激しく分解し黒煙をあげる。

(5) 無臭である。

問題4

エチルメチルケトンパーオキサイドの性状として、次のうち誤っているもの
はどれか。

(1) 市販品は無色透明の油状の液体である。

(2) 高純度のものは不安定で非常に危険である。

(3) 市販品はフタル酸ジメチルで50 〜 60％に希釈してある。

(4) 引火性はない。

(5) 水には溶けないが、ジエチルエーテルには溶ける。

問題 3　解説　　　　　　　　　　　　　　過酸化ベンゾイル ⇨ 速 P.128

ここがPOINT!

過酸化ベンゾイルの性状等
①白色粒状結晶の固体　②比重1.3、融点106 ～ 108℃、発火点125℃　③無臭
④水に溶けないが、有機溶剤には溶ける　⑤強力な酸化作用　⑥常温（20℃）
では安定、加熱すると100℃前後で激しく分解し白煙をあげる　⑦加熱、摩擦、
衝撃等により分解し爆発する　⑧光によっても分解し爆発　⑨硝酸や濃硫酸、ア
ミン類、有機物などと接触すると、爆発　⑩着火すると、有毒な黒煙　⑪強酸類、
有機物などから隔離　⑫皮膚に触れると皮膚炎を起こす

（4）　誤り。過酸化ベンゾイルは、加熱すると100℃前後で激しく分解し「黒煙」
　　ではなく「白煙」をあげます（上の⑥）。黒煙をあげるのは着火した場合
　　です（上の⑩）。

正解（4）

問題 4　解説　　　　　　　　エチルメチルケトンパーオキサイド ⇨ 速 P.129

ここがPOINT!

エチルメチルケトンパーオキサイドの性状等
①無色透明の油状液体（市販品）　②比重1.12、融点−20℃以下、引火点72℃、
発火点177℃　③高純度のものは不安定で非常に危険。市販品は60%に希釈
④希釈剤はジメチルフタレート（フタル酸ジメチル）　⑤強い酸化作用　⑥引火
性がある　⑦特有の臭気　⑧水に溶けないが、アルコールやジエチルエーテルに
は溶ける　⑨直射日光、衝撃等により分解し、発火　⑩引火すると激しく燃焼
⑪40℃以上になると分解促進　⑫ぼろ布、鉄さびなどに接触すると、30℃以下
でも分解　⑬容器は密栓しないで、通気性をもたせる　⑭異物との接触を避ける

（4）　誤り。エチルメチルケトンパーオキサイドには、引火性があります。

正解（4）

・市販品はジメチルフタレート（フタル酸
　ジメチル）で希釈されている
・容器を密栓しない
この2つが大きな特徴です。
容器を密栓しない危険物は、エチルメチル
ケトンパーオキサイドと第6類の過酸化水
素の2つだけです。ほかはすべて密栓です!!

問題5 ▶ ☑ ☑

硝酸エチルの性状として、次のA～Eのうち正しいものはいくつあるか。

A　黄色い液体である。

B　引火点は30℃である。

C　芳香、甘味がある。

D　水によく溶ける。

E　引火の危険性が大きく、引火して爆発しやすい。

(1)　1つ　　(2)　2つ　　(3)　3つ　　(4)　4つ　　(5)　5つ

問題6 ▶ ☑ ☑

ニトロセルロースの性状として、次のうち誤っているものはどれか。

(1)　外観は原料の綿や紙と同様である。

(2)　水には溶けない。

(3)　甘みがある。

(4)　弱硝化綿はジエチルエーテルとアルコールの混液に溶ける。

(5)　直射日光や加熱により分解し、自然発火することがある。

問題5 解説　　　　　　　　　　　　　　　　　　　　　　硝酸エチル ⇨ 速 P.132

 ここがPOINT!

硝酸エチルの性状等
①無色透明の液体　②比重1.11、沸点87.2℃、引火点10℃　③引火性　④芳香、甘味がある　⑤水に溶けにくい　⑥アルコール、ジエチルエーテルに溶ける　⑦引火点が常温（20℃）よりも低いため、引火の危険性が大きい　⑧引火して爆発しやすい　⑨直射日光を避けて冷暗所に貯蔵する　⑩いったん火がつくと消火は困難

正しいものは、C、Eの2つです。

A　誤り。硝酸エチルは「黄色」ではなく「無色透明」の液体です（上の①）。

B　誤り。引火点は「30℃」ではなく「10℃」です（上の②）。

D　誤り。水に溶けにくい（上の⑤）。

正解（2）

問題6 解説　　　　　　　　　　　　　　　　　　　　ニトロセルロース ⇨ 速 P.132

 ここがPOINT!

ニトロセルロースの性状等
①外観は原料の綿や紙と同様　②比重1.7、発火点160〜170℃　③無味無臭　④水に溶けない　⑤弱硝化綿はジエチルエーテルとアルコールの混液に溶けるが、強硝化綿は溶けない　⑥直射日光や加熱により分解し、自然発火　⑦打撃、衝撃により発火　⑧硝化度（窒素の含有量）が大きいほど爆発の危険性が大きい　⑨エタノールや水で湿潤の状態を維持し、冷暗所に貯蔵　⑩本体が露出しないよう、加湿用の液の量に注意　⑪セルロースを硝酸と硫酸の混合液に浸して作る　⑫液に浸す時間等により、硝化度が異なる　⑬弱硝化綿からはコロジオンが作られる　⑭注水消火が効果的

(3)　誤り。ニトロセルロースは無味無臭です（上の③）。甘みがあるのは硝酸メチルと硝酸エチルです。

正解（3）

硝酸エステル類の中で注水による消火が効果的なのは、ニトロセルロースだけです。ほかは消火が困難です。

第5類 第5類危険物（自己反応性物質）

問題 7

ピクリン酸の性状として、次のうち誤っているものはどれか。

(1) 芳香がある。

(2) 有毒である。

(3) 引火性がある。

(4) アルコール、ジエチルエーテル、ベンゼン等に溶ける。

(5) 金属と作用し、爆発性の金属塩を作る。

問題 8

次のA～Eのトリニトロトルエンの性状等について、正しいものの組合わせはどれか。

A 水に浮く。

B 水に溶けない。

C ジエチルエーテルに溶けない。

D 金属とは作用しない。

E 大量の注水による消火をするが火がつくと消火困難である。

(1) A B (2) A C D (3) B C D

(4) B D E (5) C D E

問題7 解説 　　　　　　　　　ピクリン酸 ⇨ 速 P.135

 ここがPOINT!

ピクリン酸の性状等
①黄色の結晶　②比重1.8、融点122〜123℃、引火点207℃、発火点320℃
③無臭　④有毒で苦味　⑤引火性　⑥水に溶ける　⑦アルコール、ジエチルエー
テル、ベンゼン等に溶ける　⑧塩基と反応して塩を作る　⑨酸性なので金属と作
用し、爆発性の金属塩を作る　⑩よう素、硫黄、アルコール、ガソリンなどと混
合したものは、摩擦、打撃によって激しい爆発　⑪単独でも、打撃、衝撃、摩擦
によって、発火、爆発　⑫急激に熱すると、約300℃で猛烈に爆発　⑬少量のピ
クリン酸に点火するとばい煙を出して燃焼　⑭乾燥した状態ほど危険性が増す
⑮大量の注水による消火をするが火がつくと消火困難

（1）　誤り。ピクリン酸は無臭です（上の③）。

正解（1）

> ピクリン酸は、よく出題されます。覚えることも
> たくさんありますから、確実に覚えるために自分
> にあった工夫（ゴロ合わせなど）をしましょう。

問題8 解説 　　　　　　　　　　　　　　　トリニトロトルエン ⇨ 速 P.136

ここがPOINT!

トリニトロトルエンの性状等
①淡黄色の結晶（日光で茶褐色に変色）　②比重1.6、融点82℃、発火点230℃
③水に溶けない　④ジエチルエーテルに溶ける　⑤熱するとアルコールに溶ける
⑥金属とは作用しない　⑦酸化されやすいものと混在すると、打撃等によって爆
発　⑧固体よりも、溶融（熱を受けて液体になる）したもののほうが衝撃に対し
て敏感　⑨大量の注水による消火をするが火がつくと消火困難

正しいものは、B、D、Eです。

A　誤り。トリニトロトルエンは比重1.6なので水（比重1.0）には浮きません
　（上の②）。

C　誤り。ジエチルエーテルに溶けます（上の④）。

正解（4）

①第5類危険物の主な物品

品　名	物品名	化学式	形　状	
有機過酸化物	過酸化ベンゾイル	$(C_6H_5CO)_2O_2$	白色粒状結晶の固体	
	エチルメチルケトンパーオキサイド	―	無色透明の油状の液体（市販品）	
	過酢酸	CH_3COOOH	無色の液体	
硝酸エステル類	硝酸メチル	CH_3NO_3	無色透明の液体	
	硝酸エチル	$C_2H_5NO_3$	無色透明の液体	
	ニトログリセリン	$C_3H_5(ONO_2)_3$	無色の油状の液体	
	ニトロセルロース	―	外観は、原料の綿や紙と同様	
ニトロ化合物	ピクリン酸	$C_6H_2(NO_2)_3OH$	黄色の結晶	
	トリニトロトルエン	$C_6H_2(NO_2)_3CH_3$	淡黄色の結晶（日光に当たると茶褐色に）	
ニトロソ化合物	ジニトロソペンタメチレンテトラミン	$C_5H_{10}N_6O_2$	淡黄色の粉末	
アゾ化合物	アゾビスイソブチロニトリル	$[C(CH_3)_2CN]_2N_2$	白色の固体	
ジアゾ化合物	ジアゾジニトロフェノール	$C_6H_2N_4O_5$	黄色の不定形粉末（光によって褐色に変色）	
ヒドラジンの誘導体	硫酸ヒドラジン	$NH_2NH_2 \cdot H_2SO_4$	白色の結晶	
ヒドロキシルアミン塩類	硫酸ヒドロキシルアミン	$H_2SO_4 \cdot (NH_2OH)_2$	白色の結晶	
金属のアジ化物	アジ化ナトリウム	NaN_3	無色の板状結晶	

物品名	溶解・その他	消火方法
過酸化ベンゾイル	水に溶けないが、有機溶剤には溶ける	大量の水または泡消火剤などで消火
エチルメチルケトンパーオキサイド	水に溶けないが、ジエチルエーテルに溶ける	
過酢酸	水によく溶ける アルコール、ジエチルエーテル、硫酸にもよく溶ける	
硝酸メチル	水に溶けにくい アルコール、ジエチルエーテルに溶ける	酸素を含有しているので、いったん火がつくと消火困難
硝酸エチル	水に溶けにくい アルコール、ジエチルエーテルに溶ける	
ニトログリセリン	水にはほとんど溶けず、アルコール、ジエチルエーテル等の有機溶剤に溶ける	燃焼の多くは爆発的で、消火の余裕はない
ニトロセルロース	水に溶けない ジエチルエーテルとアルコールの混液に強硝化綿は溶けないが、弱硝化綿は溶ける	注水による冷却消火が効果的
ピクリン酸	水に溶ける アルコール、ジエチルエーテル、ベンゼン等に溶ける	大量の注水による消火 酸素を含有しているので、いったん火がつくと消火困難
トリニトロトルエン	水に溶けない ジエチルエーテルに溶け、熱するとアルコールにも溶ける	
ジニトロソペンタメチレンテトラミン	水のほか、アルコール、アセトン、ベンゼンにわずかに溶ける	水または泡で消火
アゾビスイソブチロニトリル	水にはほとんど溶けないが、アルコール、ジエチルエーテルに溶ける	水噴霧、大量の水で消火
ジアゾジニトロフェノール	水、アルコールにはほとんど溶けず、アセトンには溶ける	一般に消火困難
硫酸ヒドラジン	冷水には溶けにくいが温水には溶ける アルコールには溶けない	大量の水で消火する 消火の際には防じんマスク、保護メガネ、防護服、ゴム手袋を着用
硫酸ヒドロキシルアミン	水に溶ける〈潮解性〉	
アジ化ナトリウム	水に溶けるが、エタノールに溶けにくく、ジエチルエーテルに溶けない 水の存在で重金属と作用し、極めて爆発性の高い、アジ化物（塩）を作る	乾燥砂などで覆い消火 注水厳禁

第5類　第5類危険物（自己反応性物質）

②第5類危険物に共通する性状等

共通する主な性状	貯蔵・取扱い・火災予防の方法
● 可燃性の固体または液体 ● 有機の窒素化合物が多い ● 比重（液比重）は1より大きい ● 大部分のものが酸素を分子内に含んでおり、自己燃焼しやすく、燃焼速度が非常に速い ● 加熱、衝撃、摩擦等によって発火し、爆発を起こすものが多い ● 引火性を有するものがある ● 空気中に長時間放置すると分解が進み、自然発火するものがある ● 金属と作用して、爆発性の金属塩を作るものがある ● 水とは反応しないので、水との接触で火災発生につながる危険性は小さい	● 火気、加熱、衝撃、摩擦等を避ける ● 通風のよい冷暗所に貯蔵する ● 分解しやすいものは、特に室温、湿気、通風に注意する
	消火方法
	● 一般に大量の水または泡消火剤によって分解温度未満に冷却する ● 一般に可燃物と酸素供給源とが共存し、自己燃焼性があるため、酸素の供給を断つ窒息消火（ガス系・粉末系消火剤）は効果がない ● アジ化ナトリウムの火災には、水・泡系は厳禁

③色のあるもの

黄色	ピクリン酸、ジアゾジニトロフェノール
淡黄色	トリニトロトルエン（光で茶褐色）、ジニトロソペンタメチレンテトラミン

※そのほかのものは、白色か無色

④液体であるもの

有機過酸化物	過酢酸、エチルメチルケトンパーオキサイド（いずれも無色）
硝酸エステル類	硝酸メチル、硝酸エチル、ニトログリセリン （いずれも無色。硝酸メチル・硝酸エチルは無色透明）

⑤匂い等のあるもの

特有の臭気	エチルメチルケトンパーオキサイド	芳香・甘味	硝酸メチル、硝酸エチル
強い刺激臭	過酢酸	甘味	ニトログリセリン

⑥有毒なもの

ニトログリセリン、ピクリン酸

⑦引火性のあるもの

硝酸エチル（10℃）、硝酸メチル（15℃）、過酢酸（41℃）、エチルメチルケトンパーオキサイド（72℃）、ヒドロキシルアミン（100℃）、ピクリン酸（207℃）

⑧物質、ガスを生成するもの

ピクリン酸	塩基に反応	塩（えん）
	金属と作用	爆発性の金属塩
アゾビスイソブチロニトリル	融点以上に加熱	窒素、シアンガス
硫酸ヒドラジン	融点以上に加熱	アンモニア、二酸化硫黄、硫化水素、硫黄
アジ化ナトリウム	徐々に加熱、約300℃で	窒素、金属ナトリウム
	酸と反応	アジ化水素酸（有毒・爆発性）
	水の存在で重金属と反応	アジ化物（極めて爆発性が高い塩）

※酸素や水素を生成するものはない

⑨保管方法

容器を密栓しない	エチルメチルケトンパーオキサイド（希釈剤はフタル酸ジメチル〔ジメチルフタレート〕）
乾燥状態を避ける	過酸化ベンゾイル、ピクリン酸
乾燥状態を保つ	硫酸ヒドロキシルアミン、塩酸ヒドロキシルアミン
水中、またはアルコールと水の混合液の中で保存	ジアゾジニトロフェノール
エタノールまたは水で湿潤の状態を維持し、冷暗所に貯蔵	ニトロセルロース
ガラス製容器など金属製以外の容器に貯蔵	硫酸ヒドロキシルアミン、塩酸ヒドロキシルアミン

⑩アジ化ナトリウムを除く火災の消火剤

有効なもの	有効でないもの
水・泡系消火剤 （水・強化液〔棒状・霧状〕、泡消火剤）	ガス系消火剤（二酸化炭素、ハロゲン化物） 粉末消火剤（りん酸塩類、炭酸水素塩類）

⑪消火の際に保護具（防じんマスク、保護メガネ、防護服、ゴム手袋）が必要なもの

硫酸ヒドラジン、ヒドロキシルアミン、硫酸ヒドロキシルアミン、塩酸ヒドロキシルアミン

第6類危険物 （酸化性液体）

1 第6類危険物に共通する性状等

問題 1

第6類の危険物に共通する性状として、次のうち誤っているものはどれか。

(1) 不燃性の液体であるものが多い。

(2) いずれも無機化合物である。

(3) いずれも腐食性があり、皮膚等を侵す。

(4) 蒸気が有毒であるものが多い。

(5) 分解して有毒ガスを発生するものが多い。

問題 2

次のA〜Eの第6類危険物の保管と消火の方法について、誤っているものの組合わせはどれか。

A 貯蔵容器は耐アルカリ性のものとする。

B 皮膚を腐食するので、適正なマスクを着用する。

C 過酸化水素を除き、容器は密栓する。

D ハロゲン間化合物にはガス系の消火剤が厳禁とされる。

E ガスの吸引を防ぐマスクを着用し、災害現場の風上で作業する。

(1) A B (2) A B C (3) A B D

(4) B C (5) B D E

問題 1　解説　　　　　　　　　　　　　共通の性状 ⇨ 速 P.160

ここがPOINT!

第6類危険物の性状

①いずれも不燃性の液体である　②酸化力が強く、可燃物、有機物と混ぜるとこれを酸化させ、場合によって着火させることがある（強酸化剤）　③いずれも無機化合物である　④腐食性があり、皮膚等を侵す　⑤ほとんどのものが刺激臭を有する　⑥蒸気が有毒であるものが多い　⑦分解して有毒ガスを発生するものが多い　⑧水と激しく反応し、発熱するものもある　⑨比重が1より大きく、水よりも重い

(1)　誤り。「多い」のではなく「すべて」が不燃性の液体です（上の①）。

正解（1）

不燃性ですが、可燃物を燃焼させる性質があります。

問題 2　解説　　　　　貯蔵・取扱い・保管の方法、消火の方法 ⇨ 速 P.161

ここがPOINT!

第6類危険物の貯蔵の方法

①貯蔵容器は耐酸性　②皮膚を腐食するので、適正な保護具を着用　③過酸化水素を除き、容器は密栓

第6類危険物の消火の方法

①ハロゲン間化合物は水・泡系厳禁　②多量の水を使用する際は、危険物が飛散しないようにする　③流出した場合は、乾燥砂をかけるか中和剤で中和　④ガスの吸引を防ぐマスクを着用し、災害現場の風上で作業

有効な消火剤	有効でない消火剤
● 水・泡系消火剤 ● 粉末消火剤（りん酸塩類） ● 乾燥砂、膨張真珠岩など	● ガス系消火剤 　二酸化炭素、ハロゲン化物 ● 粉末消火剤（炭酸水素塩類）

誤っているものは、A、B、Dです。

A　「耐アルカリ性」ではなく「耐酸性」のものとします（上の貯蔵の①）。

B　適正な「マスク」ではなく「保護具」を着用します（上の貯蔵の②）。

D　ハロゲン間化合物には水・泡系の消火剤が厳禁です（上の消火の①）。

正解（3）

2 過塩素酸、過酸化水素

問題 3

過塩素酸の性状として、次のうち誤っているものはどれか。

(1) 過塩素酸塩類を加熱分解蒸留して作られる極めて不安定で強力な酸化剤である。

(2) 無色の発煙性液体である。

(3) 比重は0.8である。

(4) 刺激臭がある。

(5) 常圧で密閉容器に入れて冷暗所に保存しても、次第に分解して黄色に変色し、爆発的分解を起こす。

問題 4

過酸化水素の性状として、次のうち誤っているものはどれか。

(1) 純粋なものは粘性のある無色の液体である。

(2) 融点は−0.4℃である。

(3) 強力な酸化剤であるが、より強力な酸化剤に対しては還元剤として作用する。

(4) 極めて不安定であり、濃度50％以上では常温でも酸素と水に分解する。

(5) アルコールに溶けない。

問題 3 解説   過塩素酸 ⇨ ㊤ P.163

 ここがPOINT!

過塩素酸の性状等

①無色の発煙性液体　②比重1.8、融点−112℃、沸点39℃　③刺激臭　④非常に不安定で、常圧で密閉容器に入れて冷暗所に保存しても、次第に分解して黄色に変色し爆発的分解　⑤強い酸化力をもち、銀や銅とも激しく反応　⑥空気中で強く発煙　⑦アルコールなどの有機物と混合すると、急激な酸化反応、発火または爆発　⑧おがくず、ぼろ布などの可燃物と接触すると、自然発火　⑨加熱すると爆発（このとき分解して、有毒な塩化水素ガスを発生）　⑩水中に滴下すると音を発し、発熱　⑪蒸気は皮膚、眼、気道に著しい腐食性　⑫定期的に検査、汚損や変色したものは廃棄　⑬流出時は、中和してから大量の水で洗い流す　⑭金属と反応するので、ガラスなどの容器に貯蔵

(3)　誤り。過塩素酸の比重は「0.8」ではなく「1.8」です（上の②）。第6類の危険物の比重はすべて1より大きいです。

正解（3）

第 6 類

第 6 類危険物（酸化性液体）

問題 4 解説   過酸化水素 ⇨ ㊤ P.164

 ここがPOINT!

過酸化水素の性状等

①純粋なものは粘性のある無色の液体　②比重1.5、融点−0.4℃、沸点152℃　③強力な酸化剤であるが、より強力な酸化剤に対しては還元剤として作用する　④極めて不安定、濃度50％以上では常温でも酸素と水に分解　⑤水に溶けやすく、水溶液は弱酸性　⑥アルコールに溶けるが、ベンゼンには溶けない　⑦熱や日光で速やかに分解　⑧金属粉、有機物の混合により分解し、加熱や動揺によって発火・爆発　⑨高濃度の場合、皮膚に触れると火傷　⑩分解によって発生したガス（酸素）で容器が破裂しないよう、容器は密栓せず、通気のための穴（ガス抜き口）のある栓をする　⑪分解抑制のために安定剤を添加　⑫流出した場合は、多量の水で洗い流す

(5)　誤り。過酸化水素は、アルコールに溶けます（上の⑥）。

正解（5）

過酸化水素は漂白剤や消毒剤などとして用いられています。消毒薬のオキシドールは約3％水溶液です。

問題5

硝酸の性状として、次のA～Eのうち正しいものはいくつあるか。

A 無色の液体で、熱や光の作用で生じる二酸化窒素により黄褐色になることもある。

B 加熱、日光により分解し、酸素と二酸化炭素を生じる。

C 銅、銀など、多くの金属を腐食させる。

D 湿気を含む空気中で褐色に発煙する。

E 水に溶け（任意の割合で混合する）、水溶液は強酸性を示す。

(1) 1つ (2) 2つ (3) 3つ (4) 4つ (5) 5つ

問題6

発煙硝酸の性状等として、次のうち誤っているものはどれか。

(1) 赤色か赤褐色の液体である。

(2) 比重は1.52以上ある。

(3) 濃硝酸に二酸化窒素を加圧飽和させて作られる。

(4) 空気中で有毒な褐色のガス（二酸化窒素）を発生する。

(5) 硝酸よりは酸化力が弱い。

問題 5 解説 硝酸 ⇨ 速 P.165

 ここがPOINT!

硝酸の性状等
①無色の液体（熱や光の作用で生じる二酸化窒素により黄褐色になることも）
②比重1.5、融点−42℃、沸点86℃ ③加熱、日光により分解し、酸素と二酸化窒素 ④銅、銀など、多くの金属を腐食 ⑤湿気を含む空気中で褐色に発煙
⑥水に溶け（任意の割合で混合する）、水溶液は強酸性 ⑦二硫化炭素、アミン類、ヒドラジン類などと混合すると、発火または爆発 ⑧木片、紙、アルコールなどの有機物と接触して発火 ⑨硝酸の蒸気、分解で生じる窒素酸化物（二酸化窒素）のガスは極めて有毒 ⑩腐食作用が強く、人体に触れると薬傷（化学薬品による皮膚の損傷） ⑪ステンレス鋼やアルミニウム製の容器を用いる
⑫流出時 〔1〕大量の乾燥砂で流出を防ぐとともに、これに吸着させて取り除く（ぼろ布などで吸い取ると発火） 〔2〕水や強化液消火剤を放射し、徐々に希釈 〔3〕〔2〕の後、消石灰またはソーダ灰で中和し多量の水で洗い流す 〔4〕防毒マスクなどの保護具を必ず着用し、風上で作業する

正しいものは、A、C、D、Eの4つです。
B 酸素と二酸化窒素を生じます（上の③）。

正解（4）

問題 6 解説 発煙硝酸 ⇨ 速 P.166

 ここがPOINT!

発煙硝酸の性状
①赤色か赤褐色の液体 ②比重1.52〜 ③濃硝酸に二酸化窒素を加圧飽和させて作られる ④空気中で有毒な褐色のガス（二酸化窒素）を発生 ⑤硝酸よりも酸化力が強い ⑥濃度98％以上の硝酸（純硝酸86％以上を含有）を発煙硝酸と呼ぶ

（5） 誤り。発煙硝酸は、硝酸よりもさらに酸化力が強いです（上の⑤）。

正解（5）

硝酸の⑦〜⑫は発煙硝酸も同じです。

問題7

ハロゲン間化合物の性状等として、次のうち誤っているものはどれか。

(1) ハロゲン間化合物とは、2種類のハロゲン元素が結合した化合物の総称である。

(2) ハロゲン元素とは、周期表17族のふっ素（F）、塩素（Cl）、臭素（Br）、よう素（I）などの元素のことである。

(3) ハロゲン間化合物は還元剤となる性質がある。

(4) 三ふっ化臭素（BrF_3）、五ふっ化臭素（BrF_5）、五ふっ化よう素（IF_5）がある。

(5) ふっ素原子を多く含むものほど反応性が高く、ほとんどの金属、非金属と反応してふっ化物を作る。

問題8

次のA～Eの三ふっ化臭素の性状について、正しいものの組合わせはどれか。

A 黄色の液体である。

B 比重は2.84である。

C 空気中で発煙はしない。

D 水と非常に激しく反応して発熱と分解を起こし、ふっ化水素を生じる。

E 可燃物が接触すると発熱する。

(1) A B   (2) A B C   (3) A C D

(4) B C   (5) B D E

問題 7　解説　　　　　　　　　　　　ハロゲン間化合物 ⇒ 速 P.168

ここがPOINT！

ハロゲン間化合物の性状等
①ハロゲン間化合物とは、2種類のハロゲン元素が結合した化合物の総称　②ハロゲン元素とは、周期表17族のふっ素（F）、塩素（Cl）、臭素（Br）、よう素（I）などの元素　③ハロゲン間化合物は酸化剤となる性質がある　④三ふっ化臭素（BrF₃）、五ふっ化臭素（BrF₅）、五ふっ化よう素（IF₅）がある　⑤ふっ素原子を多く含むものほど反応性が高く、ほとんどの金属、非金属と反応してふっ化物を作る　⑥ふっ化物とはふっ素と他の元素の化合物。ふっ化水素など　⑦水と反応して発熱と分解を起こし、猛毒で腐食性のあるふっ化水素（ふっ化物）を生じる　⑧ふっ化水素の水溶液はガラスを腐食するため、ガラス製容器は使えない　⑨容器は、ポリエチレン製のものを用い、金属や陶器は不可　⑩消火には、りん酸塩類を用いた粉末消火剤や乾燥砂などを使う

（3）　誤り。ハロゲン間化合物は、「還元剤」ではなく「酸化剤」となる性質があります（上の③）。

正解（3）

問題 8　解説　　　　　　　　　　　　三ふっ化臭素 ⇒ 速 P.168

ここがPOINT！

三ふっ化臭素の性状等
①無色の液体　②比重2.84、融点9℃、沸点126℃　③空気中で発煙する　④水と非常に激しく反応して発熱と分解を起こし、ふっ化水素を生じる　⑤可燃物が接触すると発熱することがある　⑥水とは接触させない　⑦可燃物とも接触させない　⑧容器は密栓する

正しいものは、B、D、Eです。

A　三ふっ化臭素は、「黄色」ではなく、「無色」です（上の①）。第6類の危険物はすべて液体です。また、ハロゲン間化合物はすべて無色の液体です。
C　三ふっ化臭素は、空気中で発煙します（上の③）。

正解（5）

上の⑥～⑧は、ハロゲン間化合物に共通です。

丸ごとCHECK!!　　第6類危険物（酸化性液体）

①第6類危険物の主な物品

品　名	物品名	化学式	形　状	
過塩素酸	過塩素酸	$HClO_4$	無色の発煙性液体	
過酸化水素	過酸化水素	H_2O_2	純粋なものは粘性のある無色の液体	
硝酸	硝酸	HNO_3	無色の液体（分解して二酸化窒素が生じると黄褐色を呈することがある）	
	発煙硝酸	HNO_3	赤色または赤褐色の液体	
ハロゲン間化合物	三ふっ化臭素	BrF_3	無色の液体	
	五ふっ化臭素	BrF_5		
	五ふっ化よう素	IF_5		

②第6類危険物に共通する性状等

共通する主な性状	貯蔵・取扱い・火災予防の方法
● いずれも不燃性の液体 ● 酸化力が強く、可燃物、有機物と混ぜるとこれを酸化させ、場合によっては着火させることがある（強酸化剤） ● いずれも無機化合物である ● 腐食性があり、皮膚等を侵す ● ほとんどのものが刺激臭を有する ● 蒸気が有毒であるものが多い ● 分解して、有毒ガスを発生するものが多い ● 水と激しく反応し、発熱するものがある ● 比重が1より大きく、水よりも重い	● 可燃物、有機物、還元剤との接触を避ける ● 火気、日光の直射を避ける ● 通風のよい場所で取り扱う ● 貯蔵容器は耐酸性のものとする ● 皮膚を腐食するので、適正な保護具を着用 ● 容器は密栓する（過酸化水素は密栓しない）
	消火方法
	○有効な消火剤 　● 水・泡系消火剤 　● 粉末消火剤（りん酸塩類） 　● 乾燥砂、膨張真珠岩など ×有効でない消火剤 　● ガス系消火剤（二酸化炭素、ハロゲン化物） 　● 粉末消火剤（炭酸水素塩類） 　● ハロゲン間化合物の火災には、水・泡系は厳禁

物品名	溶解・その他	消火方法
過塩素酸	水中に滴下すると音を発し、発熱する アルコールなどの有機物と混合すると、急激な酸化反応を起こし、発火または爆発することがある 加熱分解で、塩化水素ガス（有毒）を発生	大量の水による消火
過酸化水素	水に溶けやすく、水溶液は弱酸性 アルコールに溶け、ベンゼンには溶けない 熱や日光によって速やかに分解し、酸素を発生 密栓しない	注水による消火
硝酸	水に溶け（任意の割合で混合する）、水溶液は強酸性 加熱や日光によって分解し、酸素と二酸化窒素（褐色で極めて有毒）を発生	燃焼物に適応した消火剤を用いる
発煙硝酸	濃硝酸に二酸化窒素を加圧飽和させて作る 空気中で、二酸化窒素（褐色で極めて有毒）を発生	
三ふっ化臭素	水と非常に激しく反応して発熱と分解を起こし、ふっ化水素（猛毒で腐食性がある）を生じる	粉末消火剤または乾燥砂などで消火 注水厳禁
五ふっ化臭素	水と反応してふっ化水素を発生	
五ふっ化よう素	水と激しく反応して、ふっ化水素とよう素酸を発生	

③発生する気体、ガス

過塩素酸	加熱分解で	塩化水素ガス（有毒）
過酸化水素	熱や日光による分解で	酸素
硝酸	加熱や日光による分解で	酸素、二酸化窒素（褐色で極めて有毒）
発煙硝酸	空気中で	二酸化窒素（褐色で極めて有毒）
ハロゲン間化合物	水と反応して	ふっ化水素（猛毒・腐食性）

④適した容器

過塩素酸	金属と反応するため	ガラス製などの容器
過酸化水素	熱や日光によって速やかに分解し、酸素を発生するため	ガス抜き口のある栓をした容器
硝酸、発煙硝酸	銅や銀など、多くの金属を腐食させるため	ステンレス鋼やアルミニウム製の容器
ハロゲン間化合物	ほとんどの金属、非金属と反応してふっ化物を作るため	ポリエチレン製の容器

⑤色のあるもの

発煙硝酸	赤色または赤褐色	発煙硝酸以外	無色

予想模擬試験

■予想模擬試験の活用方法

　この試験は、本試験前の学習理解度の確認用に活用してください。本試験での合格基準（60％以上の正解率）を目標に取り組みましょう。

■試験時間

　35分（本試験の試験時間と同じです）

■解答/解説

　巻末の別冊に掲載しています。

第1類危険物　第1回

■危険物の性質ならびにその火災予防および消火の方法

問題1　危険物の類ごとの性状として、次のうち誤っているものはどれか。

(1)　第1類の危険物……分解して酸素を発生する酸化性の固体である。

(2)　第2類の危険物……着火または引火しやすい可燃性の液体である。

(3)　第3類の危険物……自然発火性および禁水性の物質である。

(4)　第5類の危険物……分解または爆発しやすい物質である。

(5)　第6類の危険物……酸化性の液体である。

問題2　第1類の危険物の性状として、次のうち誤っているものはどれか。

(1)　水には溶けないものが多い。

(2)　無色の結晶または白色の粉末のものが多い。

(3)　酸化性の固体で、強酸化剤である。

(4)　アルカリ金属の過酸化物は、水と反応して熱と酸素を発生する。

(5)　潮解性があるものは、木材や紙などに染み込んで乾燥した場合、爆発の危険性がある。

問題3　第1類の危険物の消火の方法として、次のうち誤っているものはどれか。

(1)　亜塩素酸塩類の消火の方法は、注水消火が適当である。

(2)　過酸化マグネシウムの消火の方法は、注水消火が適当である。

(3)　アルカリ金属の過酸化物の初期消火には、炭酸水素塩類を主成分とした粉末消火剤を使う。

(4)　塩素酸塩類の消火の方法は、注水消火が適当である。

(5)　過塩素酸塩類の消火の方法は、注水消火が適当である。

問題4　塩素酸塩類の性状等として、次のうち誤っているものはどれか。

(1)　塩素酸塩類とは、塩素酸（$HClO_3$）の水素原子（H）が、金属または他の陽イオンと置換した化合物のことである。

(2)　塩素酸塩類は不安定な物質である。

(3)　加熱、衝撃、摩擦を加えると爆発する危険性がある。

(4)　有機物や木炭、硫黄、赤りん、マグネシウム粉といった酸化されやすい物質（還元性物質）と混合したり、強酸と接触したりすると、爆発の危険性が高まる。

(5)　塩素酸カリウムの安定剤には、アンモニアを用いる。

問題5　塩素酸ナトリウムの性状等として、次のA〜Eのうち正しいものはいくつあるか。

A　無色の結晶である。

B　水やアルコールに溶ける。

C　潮解して木や紙などに染み込んで湿潤状態になると、衝撃、摩擦、加熱によって爆発する危険性がある。

D　硫黄や赤りんと混合すると、わずかな水分でも爆発する危険性がある。

E　容器は密栓せずに、換気のよい冷暗所に保管する。

(1)　1つ　　(2)　2つ　　(3)　3つ　　(4)　4つ　　(5)　5つ

問題6　過塩素酸ナトリウムの性状として、次のうち正しいものはどれか。

(1)　水にはよく溶けるがエタノールには溶けない。

(2)　潮解性はない。

(3)　加熱すると400℃以上で分解しはじめ酸素を発生する。

(4)　加熱・衝撃等による爆発の危険性は塩素酸ナトリウムよりやや高い。

(5)　可燃物との混合や強酸との接触による爆発の危険性は塩素酸ナトリウムよりやや低い。

問題7　過酸化マグネシウムの性状として、次のうち正しいものはどれか。

(1)　水と反応し水素を発生する。

(2)　無色の液体である。

(3)　酸に溶けて過酸化水素を生じる。

(4)　アルコールと反応して酸素を発生する。

(5)　加熱すると酸素を発生し、マグネシウムになる。

問題8　過酸化カリウムの性状等に関する次のA〜Dについて、正誤の組合わせとして正しいものはどれか。

A　過酸化カリウムは、それ自体燃焼する。
B　皮膚を腐食することがある。
C　可燃物と混合すると、衝撃によって爆発する可能性がある。
D　保管の際には、不燃物からも隔離する。

	A	B	C	D
(1)	×	○	○	×
(2)	×	×	○	○
(3)	×	○	×	×
(4)	○	×	○	○
(5)	○	×	○	×

問題9　臭素酸カリウムの性状等として、次のうち誤っているものはどれか。
(1)　無色の結晶性粉末である。
(2)　水にもアルコールにもよく溶ける。
(3)　加熱すると370℃で分解し始め、酸素を発生する。
(4)　有機物、硫黄、酸の混入や接触を避ける。
(5)　加熱、摩擦、衝撃を避ける。

問題10　次のA〜Eの過マンガン酸カリウムの性状等について、誤っているものの組合わせはどれか。
A　赤紫色の粉末である。
B　水には溶けにくい。
C　殺菌剤などとして用いられる。
D　硫酸を加えると爆発する危険がある。
E　約200℃で分解し、酸素を発生する。
(1)　A　B　　(2)　B　C　　(3)　B　D　　(4)　B　E　　(5)　C　D

第1類危険物　第2回

■危険物の性質ならびにその火災予防および消火の方法

問題1　危険物の類ごとの性状として、次のうち正しいものはどれか。

(1) 第2類の危険物は、比重が1より小さい。

(2) 第3類の危険物は、自然発火性と禁水性の両方の性質を有しているものが多い。

(3) 第4類の危険物は、蒸気比重が1より小さい。

(4) 第5類の危険物は、比重が1より小さく、常温では可燃性の固体である。

(5) 第6類の危険物は、不燃性の無機化合物で、常温では固体である。

問題2　第1類の危険物の性状として、次のうち誤っているものはどれか。

(1) 還元性物質と混合すると、爆発の危険性がある。

(2) 引火性の物質である。

(3) 常温で爆発するものもある。

(4) 水と反応して水酸化カリウムを発生するものがある。

(5) 自己燃焼はしない。

問題3　第1類の危険物の貯蔵・取扱いの方法として、次のうち一般的に重視した ほうがよいものはどれか。

(1) 分解を抑制するために水で湿らせる。

(2) ものによって容器を密栓しないようにする。

(3) 酸との接触を避ける。

(4) 窒素との接触を避ける。

(5) 二酸化炭素との接触を避ける。

問題４ 第１類の危険物（無機過酸化物およびこれを含有するものを除く）の消火方法として、次のA〜Eのうち有効なものはいくつあるか。

A　霧状の水を放射する。
B　棒状の水を放射する。
C　乾燥砂をかける。
D　炭酸水素塩類の消火剤を放射する。
E　二酸化炭素消火剤を放射する。

(1)　1つ　　(2)　2つ　　(3)　3つ　　(4)　4つ　　(5)　5つ

問題５ 次のA〜Eの塩素酸アンモニウムの性状について、正しいものの組合わせはどれか。

A　無色の粉末である。
B　水に溶ける。
C　エタノールによく溶ける。
D　100℃以上に加熱すると、分解して爆発することがある。
E　常温（20℃）でも爆発することがある。

(1)　A　B　　　　(2)　B　C　D　　(3)　B　C　E
(4)　B　D　E　　(5)　C　D　E

問題６ 過塩素酸塩類の性状として、次のうち誤っているものはどれか。

(1)　加熱をすると、酸素を発生する。
(2)　強酸化剤である。
(3)　塩素酸塩類に比べるとより不安定である。
(4)　加熱や衝撃等によって分解する。
(5)　りん、硫黄、木炭の粉末その他の可燃物と混合すると急激な燃焼を起こし、爆発することもある。

問題７ 過酸化カリウムの貯蔵・取扱いの方法として、次のうち誤っているものはどれか。

(1)　水分の浸入を防ぐため、容器を密栓する。
(2)　可燃物や有機物などから隔離する。
(3)　加熱、衝撃、摩擦を避ける。
(4)　貯蔵に麻袋や紙袋は使わない。
(5)　安定剤として少量の硫黄を加えて貯蔵する。

問題8　過酸化ナトリウムの性状として、次のうち誤っているものはどれか。

(1)　白色または黄白色の粉末である。

(2)　吸水性は強いが潮解性はない。

(3)　水と反応し、水素を生じる。

(4)　加熱すると、酸素を発生する。

(5)　水と反応すると、水酸化ナトリウムを生じる。

問題9　硝酸アンモニウムの性状について、次の（　　）内のA～Cに該当する語句として正しい組合わせはどれか。

　「硝酸アンモニウムは、約210℃で分解して、水と有毒な（　A　）を生じ、さらに加熱すると爆発的に分解し、（　B　）と（　C　）を発生する。」

	A	B	C
(1)	亜酸化窒素	窒素	酸素
(2)	亜酸化窒素	水素	酸素
(3)	亜酸化酸素	水素	二酸化炭素
(4)	亜酸化窒素	窒素	二酸化炭素
(5)	亜酸化酸素	窒素	酸素

問題10　重クロム酸アンモニウムの性状として、次のうち誤っているものはどれか。

(1)　橙黄色の結晶である。

(2)　比重は2.2で、融点は185℃である。

(3)　水に溶け、エタノールにもよく溶ける。

(4)　熱すると酸素を発生する。

(5)　185℃以上に加熱すると、分解する。

第1類危険物　第3回

■危険物の性質ならびにその火災予防および消火の方法

問題1　危険物の類ごとの性状として、次のうち誤っているものはどれか。

(1)　第2類の危険物は、酸化しやすい物質（酸化性物質・酸化剤）であり、自分自身が燃える（可燃性）。

(2)　第3類の危険物の自然発火性物質とは、空気に触れると自然発火する危険のある固体または液体である。

(3)　第4類の危険物は、いずれも引火性の液体で、その蒸気が空気と混合気体を作り、火気等により引火または爆発する危険がある。

(4)　第5類の危険物は、いずれも可燃性の固体または液体で、大部分のものは燃焼に必要な酸素を分子中に含有しているため、自己燃焼しやすく、燃焼速度が速い。

(5)　第6類の危険物は、腐食性があり、分解して有毒ガスを発生するものも多く存在する。比重は1より大きく、いずれも無機化合物である。

問題2　第1類の危険物とその性状との組合わせとして、次のうち誤っているものはどれか。

(1)　塩素酸カリウム………硫黄や赤りんと混合すると、わずかな刺激でも爆発する危険性がある。

(2)　塩素酸ナトリウム……水やアルコールに溶け、潮解性がある。

(3)　過塩素酸ナトリウム…加熱・衝撃等による爆発の危険性は塩素酸ナトリウムよりやや低い。

(4)　過酸化カリウム………吸湿性が強く、潮解性がある。

(5)　過酸化ナトリウム……加熱すると、約200℃で分解する。

問題3　第1類の危険物の品名に該当しないものは、次のうちどれか。

(1)　塩素酸塩類

(2)　過塩素酸塩類

(3)　有機過酸化物

(4)　無機過酸化物

(5)　過マンガン酸塩類

問題4　塩素酸ナトリウムの性状に関する次のA～Dについて、正誤の組合わせとして正しいものはどれか。

A　有機物、木炭、硫黄などと混合すると、爆発の危険性が高まる。

B　強酸と接触すると、爆発の危険性が高まる。

C　加熱によって爆発する可能性はない。

D　潮解性はない。

	A	B	C	D
(1)	○	○	×	○
(2)	○	○	×	×
(3)	○	×	×	○
(4)	○	○	○	○
(5)	○	○	○	×

問題5　過塩素酸カリウムの性状として、次のうち誤っているものはどれか。

(1)　強酸化剤である。

(2)　無色の結晶である。

(3)　加熱・衝撃等による爆発の危険性は塩素酸カリウムよりやや低い。

(4)　可燃物との混合による爆発の危険性は塩素酸カリウムよりやや高い。

(5)　潮解性はない。

問題6　過塩素酸アンモニウムの性状として、次のうち誤っているものはどれか。

(1)　水やエタノールには溶けない。

(2)　潮解性はない。

(3)　加熱すると約150℃で分解しはじめ酸素を発生する。

(4)　400℃で急激に分解し、発火することがある。

(5)　分解するときに多量のガスを発生するため、危険性が大きい。

問題7　無機過酸化物の性状等について、次のうち正しいものはどれか。

(1)　無色の結晶のものはない。

(2)　水と反応していずれも酸素を発生する。

(3)　加熱しても酸素を発生しないものもある。

(4)　有毒のものはない。

(5)　アルカリ金属の過酸化物以外は、注水消火をする。

問題8 次のＡ～Ｅの亜塩素酸ナトリウムに関する火災の消火方法について、誤っているものはいくつあるか。

A　水による消火は有効である。

B　ハロゲン化物消火剤による消火は有効である。

C　泡消火剤による消火は有効である。

D　強化液消火剤による消火は有効である。

E　二酸化炭素消火剤による消火は有効である。

⑴　1つ　　⑵　2つ　　⑶　3つ　　⑷　4つ　　⑸　5つ

問題9 よう素酸カリウムの性状について、次のうち誤っているものはどれか。

⑴　無色の結晶である。

⑵　よう化カリウムの水溶液に溶ける。

⑶　分解するとよう素を発生する。

⑷　可燃物と混合して加熱すると、爆発することがある。

⑸　融点（560℃）で溶ける。

問題10 二酸化鉛の性状として、次のうち誤っているものはどれか。

⑴　水およびアルコールに溶けない。

⑵　電気の良導体である（金属並みの導電率）。

⑶　毒性が強いので、金属製容器を用いる場合は、鉛などで内張りをする。

⑷　酸・アルカリに溶ける。

⑸　日光や加熱によって分解し、酸素を発生する。

第1類危険物　第4回

■危険物の性質ならびにその火災予防および消火の方法

問題1　第1類の危険物の貯蔵・取扱いの注意事項として、次のA～Eのうち特に重視する必要のないものはいくつあるか。

A　貯蔵容器に保護液（水）を封入する。

B　貯蔵容器に不活性ガスを封入する。

C　強酸との接触を避ける。

D　木製や布製のものとの接触を避ける。

E　直射日光を避ける。

(1)　1つ　　(2)　2つ　　(3)　3つ　　(4)　4つ　　(5)　5つ

問題2　第1類の危険物について、次のうち火災予防上特に避ける必要がない組合わせはどれか。

(1)　塩素酸カリウム…………赤りん

(2)　過塩素酸カリウム………窒素

(3)　過マンガン酸カリウム…硫酸

(4)　重クロム酸カリウム……還元剤

(5)　三酸化クロム……………アルコール

問題3　次のA～Eの第1類の危険物の消火の方法について、誤っているものの組合わせはどれか。

A　過塩素酸塩類は注水を避ける。

B　塩素酸塩類は注水消火をする。

C　アルカリ金属の過酸化物は注水を避ける。

D　アルカリ土類金属などの過酸化物は注水消火をする。

E　硝酸塩類は注水消火により、分解温度以下に冷却する。

(1)　A　B　　(2)　A　D　　(3)　B　C　　(4)　C　D　　(5)　D　E

問題4 塩素酸カリウムの性状等に関する次のA〜Dについて、正誤の組合わせとして正しいものはどれか。

A　安定な物質である。
B　マグネシウム粉との接触を避ける。
C　分解を促すような薬品類との接触を避ける。
D　単独で爆発する可能性はない。

	A	B	C	D
(1)	×	○	×	○
(2)	○	×	○	○
(3)	○	×	×	○
(4)	○	×	○	×
(5)	×	○	○	×

問題5 塩素酸ナトリウムの貯蔵・取扱いの注意事項として、次のA〜Eのうち正しいものはいくつあるか。

A　潮解性はないので、容器の密栓・密封は通常通りでよい。
B　換気のよい冷暗所に保管する。
C　衝撃、摩擦、加熱を避ける。
D　強酸との接触を避ける。
E　木炭、硫黄、赤りんとの接触を避ける。

(1)　1つ　　(2)　2つ　　(3)　3つ　　(4)　4つ　　(5)　5つ

問題6 過塩素酸カリウムの性状等として、次のうち誤っているものはどれか。

(1)　水に溶けにくい。
(2)　無色の結晶である。
(3)　加熱すると約400℃で分解しはじめ酸素を発生する。
(4)　潮解性があるため、容器の密栓には特に注意する。
(5)　硫黄と混合すると、爆発の危険性が増す。

問題7　アルカリ金属の過酸化物の性状として、次のうち正しいものはどれか。

(1)　オレンジ色の粉末である。

(2)　水と反応して酸素と熱を発生する。

(3)　吸湿性が強く潮解性がある。

(4)　水と反応すると、水酸化カリウムを発生する。

(5)　加熱に注意する必要はない。

問題8　臭素酸カリウムの性状として、次のうち誤っているものはどれか。

(1)　無色の結晶性粉末である。

(2)　水に溶けるが、アルコールには溶けにくい。

(3)　衝撃によって爆発する危険性はない。

(4)　加熱すると370℃で分解し、酸素を発生する。

(5)　有機物と混合したものは危険性が高く、加熱、摩擦により爆発することがある。

問題9　硝酸アンモニウムの性状等として、次のうち誤っているものはどれか。

(1)　肥料や火薬の原料としても用いられる。

(2)　水によく溶け、メタノール、エタノールにも溶ける。

(3)　水に溶けるときは吸熱反応（発熱せず、逆に冷える）を示す。

(4)　加熱分解で生じた亜酸化窒素は、約500℃で爆発的に分解し、酸素と窒素を生じる。

(5)　単独で加熱・衝撃により分解、爆発することはない。

問題10　次亜塩素酸カルシウムの性状等として、次のうち誤っているものはどれか。

(1)　プールの消毒などに用いられる。

(2)　空気中の水分と二酸化炭素により次亜塩素酸が生じるため、強烈な塩素臭がある。

(3)　水と反応して塩化水素（HCl）を発生する。

(4)　光や熱によって分解が急激に進む。

(5)　可燃物、還元剤、特にアルコールとの混合物は爆発の危険性がある。

第1類危険物 第5回

■危険物の性質ならびにその火災予防および消火の方法

問題1 第1類から第6類の危険物の性状として、次のうち誤っているものはどれか。

(1) 危険物は、1気圧において、常温で、液体または固体である。

(2) 同一の物質であっても、形状等によっては危険物になるものがある。

(3) 危険物には、単体、化合物、混合物の3種類がある。

(4) 液体の危険物は比重が1より小さいものが多く、固体の危険物は比重が1より大きいものが多い。

(5) 危険物は燃焼する。

問題2 危険物の類ごとの性状として、次のうち正しいものはどれか。

(1) 第2類の危険物は引火性固体で可燃性である。

(2) 第3類の危険物は自然発火性物質および禁水性固体である。

(3) 第4類の危険物は引火性物質で可燃性である。

(4) 第5類の危険物は自己反応性物質で不燃性である。

(5) 第6類の危険物は酸化性液体で不燃性である。

問題3 第1類の危険物の火災予防の方法として、次のA〜Eのうち正しいものはいくつあるか。

A 亜塩素酸ナトリウムは紫外線を避ける。

B 過酸化バリウムは酸と隔離する。

C 過酸化カリウムは水を避ける。

D 過塩素酸ナトリウムは、湿気に気をつける。

E 塩素酸カリウムは、赤りん、硫黄と混合させない。

(1) 1つ (2) 2つ (3) 3つ (4) 4つ (5) 5つ

問題4　第1類の危険物（無機過酸化物およびこれを含有するものを除く）の消火の方法として、次のうち最も有効なものはどれか。

(1)　泡消火剤を放射する。

(2)　二酸化炭素消火剤を放射する。

(3)　大量の水を注水する。

(4)　ハロゲン化物消火剤を放射する。

(5)　粉末消火剤を放射する。

問題5　塩素酸カリウムの貯蔵・取扱いの注意事項として、次のうち誤っているものはどれか。

(1)　容器を密栓する。

(2)　塩化アンモニウムを安定剤として加える。

(3)　加熱、衝撃、摩擦を避ける。

(4)　強酸と接触させない。

(5)　換気のよい冷暗所に保管する。

問題6　過塩素酸ナトリウムの性状等として、次のうち誤っているものはどれか。

(1)　水に溶けない。

(2)　エタノールに溶ける。

(3)　無色の結晶で潮解性がある。

(4)　塩素酸ナトリウムよりは安定している。

(5)　可燃物と混合すると、爆発の危険性が増す。

問題7　硝酸塩類の性状として、次のうち正しいものはどれか。

(1)　硝酸アンモニウムは消毒薬に使われる。

(2)　水によく溶ける。

(3)　硝酸カリウムは農薬に使われる。

(4)　硝酸ナトリウムと硝酸アンモニウムは黒色火薬に使われる。

(5)　硝酸ナトリウムは硝酸カリウムより反応性が強い。

問題8　重クロム酸アンモニウムの性状として、次のうち誤っているものはどれか。

(1)　橙黄色の結晶である。

(2)　水に溶ける。

(3)　エタノールによく溶ける。

(4)　熱すると酸素を発生する。

(5)　可燃物と混合すると、加熱、衝撃、摩擦により発火または爆発を起こすことがある。

問題9　三酸化クロムの性状等として、次のうち誤っているものはどれか。

(1)　水や希エタノールに溶ける。

(2)　有毒で皮膚を腐食させる。

(3)　アルコール、ジエチルエーテル、アセトンなどと接触すると、爆発的に発火することがある。

(4)　水を加えると、腐食性の強い酸となる。

(5)　金属製容器を用いる場合は、鉄などで内張りをする。

問題10　過マンガン酸カリウムの性状等に関する次のA～Dについて、正誤の組合わせとして正しいものはどれか。

A　強酸化剤である。

B　殺菌剤などに用いられる。

C　アルコールを加えると爆発することがある。

D　赤紫色の粉末である。

	A	B	C	D
(1)	○	○	×	×
(2)	○	○	×	○
(3)	×	○	×	○
(4)	×	×	×	○
(5)	×	○	○	○

第2類危険物　第1回

■危険物の性質ならびにその火災予防および消火の方法

問題1　第1類から第6類の危険物の性状として、次のうち正しいものはどれか。

(1)　すべての危険物には引火点がある。

(2)　引火性液体の燃焼は蒸発燃焼であり、引火性固体の燃焼は分解燃焼である。

(3)　同一の類の危険物に対する消火方法は同一である。

(4)　危険物は、分子内に、炭素、酸素または水素のいずれかを含有している。

(5)　危険物には燃焼しないものもある。

問題2　第2類の危険物の性状として、次のうち誤っているものはどれか。

(1)　燃えやすい、つまり酸化されやすい物質である。

(2)　微粉状のものは、空気中で粉じん爆発を起こしやすい。

(3)　硫黄粉には粉じん爆発の危険性はない。

(4)　麻袋で保存できるものもある。

(5)　空気中の水分に反応して自然発火するものがある。

問題3　第2類の危険物の貯蔵・取扱いの方法として、次のうち誤っているものはどれか。

(1)　引火性固体については、みだりに蒸気を発生させないようにする。

(2)　引火性固体は、常温（20℃）以下であれば、火源に近づけても引火はしない。

(3)　炎、火花、高温体との接触、または加熱を避ける。

(4)　防湿に注意し、容器を密封し、冷暗所に貯蔵する。

(5)　鉄粉、金属粉、マグネシウム、またはこれらのいずれかを含有するものは、水または酸との接触を避ける。

問題4　第2類の危険物の消火の方法として、次のうち不適切なものはどれか。

(1)　硫化りんの火災には、注水消火をする。

(2)　亜鉛粉の火災には、むしろ等で覆った上から乾燥砂などをかけて窒息消火をする。

(3)　鉄粉の火災には、乾燥砂や膨張真珠岩（パーライト）などによる窒息消火をする。

(4)　赤りんの火災には、注水による冷却消火をする。

(5)　固形アルコールの火災には、ハロゲン化物による窒息消火をする。

問題5 三硫化りんの性状として、次のA〜Eのうち正しいものはいくつあるか。

A　赤色の結晶である。

B　発火点は100℃である。

C　100℃以上で引火の危険性がある。

D　水に溶けない。二硫化炭素、ベンゼンに溶ける。

E　アルコールと反応して可燃性で有毒な硫化水素を発生する。

(1)　1つ　　(2)　2つ　　(3)　3つ　　(4)　4つ　　(5)　5つ

問題6 赤りんの性状として、次のうち誤っているものはどれか。

(1)　常圧（1気圧）では約400℃で昇華する。

(2)　水にも二硫化炭素にも溶けない。

(3)　臭気も毒性もない。

(4)　空気中で点火すると、粉じん爆発の危険がある。

(5)　酸化剤と混合した場合でも、摩擦熱では発火しない。

問題7 鉄粉の性状として、次のうち正しいものはどれか。

(1)　加熱によって発火することはない。

(2)　第2類危険物（可燃性固体）である鉄粉とは、目開き（網の目の大きさ）が53 μmの網ふるいを70％以上通過する鉄の粉をいう。

(3)　黒色の金属結晶である。

(4)　酸に溶けて酸素を発生するが、アルカリには溶けない。

(5)　油の染みた切削屑などは、自然発火することがある。

問題8 金属粉の性状として、次のうち誤っているものはどれか。

(1)　金属を粉末状にすると、酸素と接触する表面積が増加し、また熱伝導率が大きくなるため、非常に燃焼しやすくなる。

(2)　亜鉛粉とアルミニウム粉は、ともに両性元素である。

(3)　亜鉛粉とアルミニウム粉は、酸（塩酸、硫酸など）にもアルカリ（水酸化ナトリウムなど）にも反応して水素を発生する。

(4)　亜鉛粉とアルミニウム粉は、ハロゲン元素と接触すると、自然発火することがある。

(5)　亜鉛粉とアルミニウム粉は、水や熱水に反応して水素を発生する。

問題9 次のA～Eのアルミニウム粉の性状等について、誤っているものの組合わせはどれか。

A 火災の際には、注水消火は避ける。

B 容器を密栓する。

C 空気中の酸素に反応して、自然発火することがある。

D 塩酸には反応しない。

E 酸化剤と混合したものは、加熱、打撃などに敏感となる。

(1) A B (2) B D (3) B E (4) C D (5) C E

問題10 マグネシウムの性状に関する次のA～Dについて、正誤の組合わせとして正しいものはどれか。

A 銀白色の粉末である。

B 酸ともアルカリとも反応する。

C 新しいものは酸化被膜が形成されていないことがある。

D 点火すると、白光を放って激しく燃焼する。

	A	B	C	D
(1)	×	○	○	×
(2)	×	×	○	○
(3)	×	○	×	×
(4)	○	×	○	○
(5)	○	×	○	×

第2類危険物 第2回

■危険物の性質ならびにその火災予防および消火の方法

問題1 第1類から第6類の危険物の性状として、次のうち誤っているものはどれか。

(1) 第1類と第6類の危険物は、酸化性で不燃性である。

(2) 第2類と第4類の危険物は、還元性で可燃性である。

(3) 第3類と第5類の危険物は可燃性であるが、第3類の一部は不燃性である。

(4) 第1類と第2類の危険物は、固体である。

(5) 第4類と第6類の危険物は、いずれも固体か液体である。

問題2 第2類の危険物の性状として、次のうち正しいものはどれか。

(1) 引火性を有するものはない。

(2) ゲル状のものはない。

(3) 金属結晶のものがある。

(4) 両性元素のものはない。

(5) 水と反応して酸素を発生するものがある。

問題3 第2類の危険物には粉じん爆発の危険を有するものがあるが、粉じん爆発を防止する対策として、次のうち誤っているものはどれか。

(1) 無用な粉じんのたい積を防止する。

(2) 換気を十分に行い、空気中の粉じんの濃度を燃焼範囲の上限値未満にする。

(3) 接地をするなどして、静電気の蓄積を防止する。

(4) 電気設備を防爆構造にする。

(5) 粉じんを取り扱う装置類には、窒素、二酸化炭素などの不燃性ガスを封入する。

問題4 金属粉が燃焼しているときに注水すると危険である理由として、次のA〜Eのうち正しいものはいくつあるか。

A　水と反応して水素を発生するから。

B　水と反応して酸素を発生するから。

C　水と反応して有毒ガスを発生するから。

D　水と反応して過酸化物となるから。

E　水と反応して強酸となるから。

(1)　1つ　　(2)　2つ　　(3)　3つ　　(4)　4つ　　(5)　5つ

問題5 硫化りんの性状等として、次のうち誤っているものはどれか。

(1)　三硫化りんは100℃以上で発火の危険性がある。

(2)　発火の危険性があるため、酸化剤や金属粉との混合を避ける。

(3)　水素を発生するため、水による消火は避ける。

(4)　比重・融点・沸点とも、三硫化りん、五硫化りん、七硫化りんの順に高くなる。

(5)　三硫化りんは黄色の結晶である。

問題6 赤りんの性状について、次の（　　）内のA〜Cに該当する語句として正しい組合わせはどれか。

「赤りんは、赤褐色、（　A　）の固体。比重は2.1〜2.3。毒性は（　B　）、水にも二硫化炭素にも（　C　）。」

	A	B	C
(1)	無臭	強く	溶ける
(2)	刺激臭	なく	よく溶ける
(3)	甘い匂い	弱く	少し溶ける
(4)	無臭	なく	溶けない
(5)	刺激臭	強く	溶けない

問題7 硫黄の貯蔵・取扱いの方法として、次のうち不適切なものはどれか。

(1) 約360℃で発火し、亜硫酸ガス（二酸化硫黄）を発生するので、火気から遠ざける。

(2) 酸化剤と混合すると、加熱・衝撃等で発火する危険性があるので、酸化剤との接触を避ける。

(3) 空気中に飛散すると粉じん爆発を起こす危険性があるので、飛散しないよう部屋の隅などにまとめておく。

(4) 電気の不良導体なので摩擦によって静電気を発生しやすいため、使用する輸送機器は接地しておく。

(5) 水分の浸入を防ぐため、容器を密栓する。

問題8 アルミニウム粉の性状として、次のうち誤っているものはどれか。

(1) 着火しやすい。

(2) いったん着火すると激しく燃焼する。

(3) 塩酸に反応して水素を発生する。

(4) 水酸化ナトリウムに反応して水素を発生する。

(5) 比重は1以下である。

問題9 次のA～Eの亜鉛粉の性状について、誤っているものの組合わせはどれか。

A 2個の価電子をもち、2価の陽イオンになりやすい。

B 両性元素ではない。

C 空気中の水分と反応して水素を発生する。

D 空気中の水分と反応するが自然発火はしない。

E 酸やアルカリと反応して酸素を発生する。

(1) A B (2) A C (3) B D E (4) B E (5) C D E

問題10 引火性固体の性状として、次のうち誤っているものはどれか。

(1) 引火性固体とは、固形アルコールその他、1気圧において引火点が40℃未満のものをいう。

(2) 常温（20℃）で可燃性蒸気を発生し、引火する危険のある物質である。

(3) 固形アルコールのほか、ゴムのりとラッカーパテがある。

(4) 常温の空気中で徐々に酸化する。

(5) ラッカーパテは、10℃でも引火する。

第2類危険物　第3回

■危険物の性質ならびにその火災予防および消火の方法

問題1　第1類から第6類の危険物の性状として、次のうち誤っているものはどれか。

(1)　保護液として水を使用するものがある。

(2)　炭素、水素、酸素のすべてを含まないものがある。

(3)　水素やプロパン、高圧ガスは、危険物に含まれない。

(4)　第2類から第5類の危険物は、一部の例外を除いて可燃性である。

(5)　水と反応して硫化水素を発生するものはない。

問題2　次の第2類の危険物の組合わせのうち、両性元素のみのものはどれか。

(1)　マグネシウム（Mg）　　アルミニウム粉（Al）

(2)　亜鉛粉（Zn）　　　　　硫黄（S）

(3)　鉄粉（Fe）　　　　　　硫黄（S）

(4)　五硫化りん（P_2S_5）　赤りん（P）

(5)　亜鉛粉（Zn）　　　　　アルミニウム粉（Al）

問題3　第2類の危険物の品名に該当しないものは次のうちどれか。

(1)　七硫化りん

(2)　赤りん

(3)　マグネシウム

(4)　硫黄

(5)　鉄粉

問題4　三硫化りんの保管方法として、次のうち正しいものはどれか。

(1)　金属粉との混合は特に問題がない。

(2)　保管の際に、湿気は特に問題にならない。

(3)　火気・衝撃は避けるが、摩擦は特に問題にならない。

(4)　通気のよい容器に収納する。

(5)　通風および換気のよい冷暗所に保管する。

問題5　次のA〜Eの第2類の危険物の消火の方法について、適当でないものの組合わせはどれか。

A　硫黄の火災に強化液を放射する。
B　固形アルコールの火災にハロゲン化物消火剤を放射する。
C　マグネシウムの火災に水を放射する。
D　アルミニウム粉の火災に乾燥砂を使う。
E　赤りんの火災に炭酸水素塩類の粉末消火剤を使う。

(1)　A　B　　(2)　A　D　　(3)　B　C　　(4)　C　E　　(5)　D　E

問題6　硫黄の性状として、次のうち誤っているものはどれか。

(1)　多くの化合物を作り、硫酸、ゴムなどの原料として利用されている。
(2)　ベンゼンにわずかに溶ける。
(3)　粉末状のものでも粉じん爆発の危険性はない。
(4)　摩擦等により静電気を発生しやすい。
(5)　斜方硫黄、単斜硫黄、ゴム状硫黄などの同素体が存在する。

問題7　鉄粉の性状等として、次のうち正しいものはどれか。

(1)　すべての鉄粉は危険物である。
(2)　水分を含むと酸化蓄熱するが発熱、発火の危険性はない。
(3)　酸化剤と混合したものは、加熱、打撃などに鈍感となる。
(4)　火災の際は、膨張真珠岩などで窒息消火する。
(5)　加熱した鉄粉に注水すると、粉じん爆発の危険がある。

問題8　亜鉛粉の性状として、次のA〜Eのうち誤っているものはいくつあるか。

A　灰青色の粉末である。
B　ハロゲン元素と接触しても、自然発火はしない。
C　硫黄と混合して加熱すると硫化亜鉛を生じる。
D　アルミニウム粉よりも危険性は高い。
E　緑色の炎を放って燃焼する。

(1)　1つ　　(2)　2つ　　(3)　3つ　　(4)　4つ　　(5)　5つ

問題9　マグネシウムの性状等として、次のうち誤っているものはどれか。

(1)　比重はアルミニウムよりも小さい。

(2)　製造直後のものは酸化被膜が形成されていないため発火しにくい。

(3)　酸化剤と混合すると打撃等で発火する。

(4)　熱水と速やかに反応して水素を発生する。

(5)　容器は密栓して冷暗所に保管する。

問題10　固形アルコールの性状に関する次のA～Dについて、正誤の組合わせとして正しいものはどれか。

A　乳白色のゲル状の固体である。

B　メタノールまたはエタノールを圧縮固化したものである。

C　アルコールと同様の臭気がある。

D　常温で引火する危険性はない。

	A	B	C	D
(1)	×	○	○	×
(2)	×	×	○	○
(3)	○	×	○	×
(4)	○	×	○	○
(5)	○	○	○	×

第2類危険物　第4回

■危険物の性質ならびにその火災予防および消火の方法

問題1　危険物の類とその燃焼性と物品名との組合わせとして、次のうち正しいものはどれか。

(1)　第1類……不燃性……塩素酸カリウム、過酸化カリウム

(2)　第2類……可燃性……硫黄、黄りん

(3)　第4類……可燃性……ガソリン、ナトリウム

(4)　第5類……不燃性……過酸化ベンゾイル、硝酸メチル

(5)　第6類……可燃性……過塩素酸、過酸化水素

問題2　次のA〜Eの第2類の危険物のうち燃焼の際に亜硫酸ガスを発生するものはいくつあるか。

A　硫化りん

B　マグネシウム

C　赤りん

D　亜鉛粉

E　硫黄

(1)　1つ　　(2)　2つ　　(3)　3つ　　(4)　4つ　　(5)　5つ

問題3　第2類の危険物に共通する火災予防上の注意事項として、次のうち正しいものはどれか。

(1)　貯蔵容器は必ず不燃材料で作ったものを用いる。

(2)　すべて水中に貯蔵するか、または水で湿らせた状態にしておく。

(3)　高温の物質に接触しても安定しているが、直火に接すると危険である。

(4)　第1類の危険物との接触は特に避ける。

(5)　常に可燃性ガスを発生し、密閉しておくと高圧になるので、容器には必ず通気孔を設けておく。

問題4 次の第2類の危険物のうち、火災の際に注水消火が最も適しているものはどれか。

(1) アルミニウム粉

(2) 硫化りん

(3) 赤りん

(4) 亜鉛粉

(5) 鉄粉

問題5 五硫化りんの性状として、次のうち誤っているものはどれか。

(1) 淡黄色の結晶である。

(2) 二硫化炭素に溶ける。

(3) 水と反応して徐々に分解する。

(4) 水と反応して水素を発生する。

(5) 摩擦によって発火する危険性がある。

問題6 次のA～Eの赤りんの性状について、誤っているものの組合わせはどれか。

A　マッチ、医薬品、農薬の原料になる。

B　黄りんの同素体である。

C　燃焼生成物は強い毒性を示す。

D　約100℃で発火する。

E　粉じん爆発の危険性はない。

(1)　A　B　　(2)　A　D　　(3)　B　C　　(4)　C　E　　(5)　D　E

問題7 第2類の危険物の金属の性状について、次のうち誤っているものはどれか。

(1) 鉄粉は水に反応して水素を発生する。

(2) 鉄粉は酸に溶けて水素を発生する。

(3) 金属粉は酸とアルカリに反応して水素を発生する。

(4) 金属粉は水や熱水に反応して水素を発生する。

(5) マグネシウムは熱水や希薄な酸に溶けて水素を発生する。

問題8　アルミニウム粉の性状について、次の（　　）内のA〜Cに該当する語句
　　として正しい組合わせはどれか。
　　「アルミニウム粉は（　A　）の粉末であり、酸、アルカリに溶ける（　B　）
　　である。また、湿気や水分により（　C　）することがあるので貯蔵・取扱いには
　　注意すること。」

	A	B	C
(1)	灰青色	複数元素	自然発火
(2)	銀白色	両性元素	自然発火
(3)	灰青色	複数元素	熱分解
(4)	銀白色	複数元素	熱分解
(5)	灰白色	両性元素	自然発火

問題9　マグネシウムの性状として、次のうち誤っているものはどれか。
(1)　アルカリ水溶液には反応しない。
(2)　水では徐々に、熱水では速やかに反応する。
(3)　窒素とは高温でも反応しない。
(4)　酸化剤との混合物は、打撃等により発火する。
(5)　ハロゲン元素と反応する。

問題10　ゴムのりとラッカーパテの性状として、次のうち誤っているものはどれか。
(1)　どちらも引火点は10℃以下である。
(2)　どちらも直射日光を避けるようにする。
(3)　どちらも蒸気を吸入すると、頭痛、めまい、貧血などを起こすことがある。
(4)　どちらも発生する可燃性蒸気は、熱分解によって生じる。
(5)　ラッカーパテは、ゲル状の固体である。

第2類危険物　第5回

■危険物の性質ならびにその火災予防および消火の方法

問題1　第2類の危険物の性状として、次のA〜Eのうち誤っているものはいくつあるか。

A　すべて固体で、無機化合物のものが多い。

B　燃焼すると有毒ガスを発生するものがある。

C　水と反応して熱を発生するものがある。

D　水溶性のものが多い。

E　一般に燃えやすい物質である。

(1)　なし　　(2)　1つ　　(3)　2つ　　(4)　3つ　　(5)　4つ

問題2　第2類の危険物の火災予防の方法として、次のうち正しいものはどれか。

(1)　還元剤と接触させないようにする。

(2)　引火性固体が発生させる蒸気には、換気扇で対応する。

(3)　粉じんについては、空気中の粉じん濃度を燃焼範囲の下限値以上にする。

(4)　粉じんを扱う施設に換気設備を設けてはならない。

(5)　静電気の蓄積、粉じんのたい積に注意する。

問題3　次のA〜Eの危険物について、窒息消火が適切であるものの組合わせはどれか。

A　三硫化りん

B　赤りん

C　硫黄

D　鉄粉

E　マグネシウム

(1)　A　B　　　(2)　A　D　　(3)　A　D　E

(4)　B　C　E　　(5)　C　D　E

問題4　三硫化りんの性状等として、次のうち誤っているものはどれか。

(1)　水と作用して有毒ガスを発生する。

(2)　可燃性の固体である。

(3)　五硫化りん、七硫化りんに比べて融点が低い。

(4)　燃焼すると、亜硫酸ガスを生じる。

(5)　摩擦によって発火する危険性がある。

問題5　七硫化りんの性状等として、次のうち誤っているものはどれか。

(1)　淡黄色の結晶である。

(2)　二硫化炭素にはよく溶ける。

(3)　水には徐々に、熱湯とは速やかに反応して分解する。

(4)　強い摩擦によって発火する危険性がある。

(5)　酸化剤や金属粉との混合を避ける。

問題6　鉄粉を保管する際に避けるべきものとして、次のうち特に重要ではないものはどれか。

(1)　火気、加熱

(2)　酸、酸化剤

(3)　湿気

(4)　アルカリ

(5)　ハロゲン元素

問題7　硫黄の性状等に関する次のA〜Dについて、正誤の組合わせとして正しいものはどれか。

A　水に溶けず、二硫化炭素にも溶けない。

B　無味無臭である。

C　エタノールにわずかに溶ける。

D　粉末状のものは内袋付きの麻袋には保存できない。

	A	B	C	D
(1)	×	○	○	×
(2)	×	×	○	○
(3)	○	×	○	×
(4)	○	×	○	○
(5)	○	○	○	×

問題8　金属粉の性状として、次のうち誤っているものはどれか。

(1)　水酸化ナトリウムの水溶液に反応して水素を発生する。

(2)　アルミニウム粉の粉末は着火しやすく、いったん着火すると激しく燃焼する。

(3)　粒度が大きいほど燃焼しやすい。

(4)　硫酸の水溶液と反応して水素を発生する。

(5)　ハロゲン元素と接触すると、自然発火することがある。

問題9　亜鉛粉の保管方法として、次のうち誤っているものはどれか。

(1)　火気を近づけない。

(2)　空気中の水分との接触を避ける必要はない。

(3)　ハロゲン元素との接触を避ける。

(4)　酸との接触を避ける。

(5)　アルカリとの接触を避ける。

問題10　固形アルコールの貯蔵・取扱いの方法として、次のA〜Eのうち正しいものはいくつあるか。

A　密閉しないと水素を発生するので、容器に密封して貯蔵する。

B　40℃未満でも可燃性蒸気を発生するため、常温でも発火に注意する。

C　換気のよい冷暗所に保管する。

D　火災に備えて、二酸化炭素、粉末消火剤による窒息消火用の消火器か水による消火用具を用意する。

E　火気・火花等との接触を避ける。

(1)　なし　　(2)　1つ　　(3)　2つ　　(4)　3つ　　(5)　4つ

第3類危険物　第1回

■危険物の性質ならびにその火災予防および消火の方法

問題1　危険物の類ごとの性状として、次のうち誤っているものはどれか。

(1)　第1類の危険物は、酸化性で不燃性の固体である。

(2)　第2類の危険物は、還元性で可燃性の固体である。

(3)　第3類の危険物は、自然発火性と禁水性の両方の性質を有しているものがほとんどである。

(4)　第5類の危険物は、不燃性の物質であり、外部から酸素の供給がないと燃焼しないものが多い。

(5)　第6類の危険物は、酸化性で不燃性の液体である。

問題2　次のA～Eの第3類の危険物の性状について、誤っているものの組合わせはどれか。

A　自然発火性のものは、空気中で発火する危険性がある。

B　禁水性のものは、水に触れることで発火したり、可燃性ガスを発生したりする危険性がある。

C　比重が1を超えるものは少ない。

D　毒性のあるものはない。

E　特有の臭気があるものがある。

(1)　A　B　　(2)　B　C　　(3)　B　D　　(4)　B　E　　(5)　C　D

問題3　第3類の危険物の貯蔵・取扱いの方法として、次のうち適切なものはどれか。

(1)　黄りんは、窒素などの不活性ガスの中で貯蔵する。

(2)　アルキルアルミニウムは、水の中で貯蔵する。

(3)　炭化カルシウムは、必要に応じて窒素などの不活性ガスの中で貯蔵する。

(4)　ナトリウムは、エタノールの中に小分けして貯蔵する。

(5)　カリウムは、二硫化炭素の中に小分けして貯蔵する。

問題4　次の第3類の危険物のうち、禁水性でないものはどれか。

(1)　黄りん

(2)　リチウム

(3)　ジエチル亜鉛

(4)　りん化カルシウム

(5)　トリクロロシラン

問題5　ナトリウムの性状として、次のうち誤っているものはどれか。

(1)　水と反応して発熱し、水素を発生して発火する。

(2)　融点以上に加熱すると紫色の炎を出して燃焼する。

(3)　長時間空気に触れると自然発火して燃焼し、火災を起こす危険がある。

(4)　自分も燃える可燃性である。

(5)　アルコールに溶けて水素と熱を発生する。

問題6　アルキルアルミニウムの性状として、次のうち誤っているものはどれか。

(1)　空気に触れても発火するまでには時間がかかる。

(2)　水と接触すると激しく反応し、発生したガスが発火して、アルキルアルミニウムを飛散させる。

(3)　高温（約200℃）で不安定になり分解する。

(4)　燃焼時に発生する白煙は刺激性があり、多量に吸入すると気管や肺がおかされる。

(5)　固体のものも液体のものもある。

問題7　黄りんの危険性として、次のA〜Eのうち正しいものはいくつあるか。

A　酸化されやすく、発火点が低いので、空気中に放置すると激しく燃焼する。

B　水に反応して有毒な十酸化四りんを生じる。

C　アルカリと激しく反応して発火する。

D　皮膚に触れると火傷することがある。

E　酸と接触すると、有毒なりん化水素を発生する。

(1)　1つ　　(2)　2つ　　(3)　3つ　　(4)　4つ　　(5)　5つ

問題8　バリウムの性状として、次のうち誤っているものはどれか。

(1)　銀白色の金属結晶である。

(2)　空気中では常温（20℃）で表面が酸化する。

(3)　粉末状のものが空気と混合すると、自然発火することがある。

(4)　ハロゲン元素と反応しハロゲン化物を生じる。

(5)　加熱すると水素を発生する。

問題9　水素化ナトリウムの性状として、次のうち誤っているものはどれか。

(1)　湿った空気中で分解し自然発火することもある。

(2)　強い還元性を示し、金属酸化物や金属塩化物から金属を遊離する。

(3)　高温でナトリウムと酸素に分解する。

(4)　有機溶媒には溶けない。

(5)　有毒である。

問題10　炭化カルシウムの性状等として、次のうち誤っているものはどれか。

(1)　吸湿性がある。

(2)　不燃性である。

(3)　高温で窒素ガスと反応させると、石灰窒素を生成する。

(4)　保管の際には、必要に応じて、二硫化炭素などの不活性ガスを封入する。

(5)　消火の際には、注水は絶対に避ける。

第3類危険物　第2回

■危険物の性質ならびにその火災予防および消火の方法

問題1　第1類から第6類の危険物の性状として、次のうち誤っているものはどれか。

(1)　危険物は、1気圧において、常温で、液体、気体または固体である。

(2)　保護液として灯油を使用するものがある。

(3)　危険物には燃焼しないものもある。

(4)　危険物には、単体、化合物、混合物の3種類がある。

(5)　炭素、水素、酸素のすべてを含まないものがある。

問題2　次のA～Eの第3類の危険物と、それに水が反応して生成されるガスの組合わせのうち、正しいものはいくつあるか。

A　カリウム………………水素

B　りん化カルシウム……りん化水素

C　ジエチル亜鉛…………エタンガス

D　炭化カルシウム………アセチレンガス

E　炭化アルミニウム……メタンガス

(1)　1つ　　(2)　2つ　　(3)　3つ　　(4)　4つ　　(5)　5つ

問題3　第3類の危険物の火災予防の方法として、次のうち誤っているものはどれか。

(1)　禁水性の物品は、水との接触を避ける。

(2)　自然発火性の物品は、空気、炎、火花、高温体との接触または加熱を避ける。

(3)　湿気を避け、容器は密封する。

(4)　ナトリウムは、灯油の中に小分けして貯蔵するが、その際にナトリウムの上端が灯油から少し露出するようにする。

(5)　カリウムをヘキサンの中に貯蔵する。

問題4 それぞれ2つの危険物の火災に適応する消火剤として、最も適切な組合わせはどれか。

(1) りん化カルシウム、炭化カルシウム……二酸化炭素消火剤
(2) 黄りん、トリクロロシラン………………泡
(3) 水素化ナトリウム、カリウム……………棒状の水
(4) 水素化リチウム、ナトリウム……………強化液
(5) カルシウム、バリウム……………………粉末消火剤（炭酸水素塩類）

問題5 カリウムの性状として、次のうち誤っているものはどれか。

(1) アルカリ金属に属する。
(2) イオン化傾向が大きく、1価の陽イオンになりやすい性質がある。
(3) 有機物に対して強い酸化作用を示す。
(4) 空気に接触するとすぐに酸化される。
(5) ハロゲン元素と激しく反応する。

問題6 ナトリウムの貯蔵・取扱い方法として、次のうち誤っているものはどれか。

(1) 水分との接触を避け乾燥した場所に貯蔵する。
(2) 条件を整えれば屋外に貯蔵することも可能である。
(3) 貯蔵する場所の床面は、湿気を避けて地面より高くする。
(4) 灯油などの保護液の中に小分けして貯蔵する。
(5) 消火の際には、乾燥砂などで覆い、窒息消火する。

問題7 リチウムの性状について、次の（　　）内のA～Cに該当する語句として正しい組合わせはどれか。

「（　A　）の金属結晶で、比重は（　B　）で固体単体の中で最も軽い。（　C　）の炎を出して燃え、酸化物を生じる。」

	A	B	C
(1)	銀白色	0.5	深赤色
(2)	白色	0.7	橙色
(3)	黄褐色	0.3	深赤色
(4)	銀白色	0.3	橙色
(5)	白色	0.1	黄緑色

問題8　カルシウムの性状として、次のうち誤っているものはどれか。

(1)　銀白色の金属結晶である。

(2)　空気中で加熱すると、燃焼して酸化カルシウム（生石灰）を生じる。

(3)　炎色反応は黄緑色である。

(4)　水素と高温で反応して、水素化カルシウムを生じる。

(5)　粉末状にすると、空気中で自然発火する危険がある。

問題9　次のA〜Eの水素化リチウムの性状等について、正しいものの組合わせはどれか。

A　アルコールを封入したビンなどに密栓して貯蔵する。

B　水と反応してアセチレンガスを発生する。

C　空気中の湿気により自然発火する。

D　高温でリチウムと水素に分解する。

E　灰色の結晶である。

(1)　A　B　　(2)　A　B　C　　(3)　B　C　　(4)　C　E　　(5)　C　D　E

問題10　トリクロロシランの性状として、次のうち誤っているものはどれか。

(1)　無色の液体である。

(2)　沸点が32℃で、引火点は−14℃である。

(3)　揮発性が高く、引火しやすい。

(4)　有毒で刺激臭がある。

(5)　水に溶けて加水分解し、メタンガスを発生する。

第3類危険物　第3回

■危険物の性質ならびにその火災予防および消火の方法

問題1　次のA〜Eの第3類の危険物の性状について、誤っているものの組合わせはどれか。

A　ジエチル亜鉛は無色の固体である。

B　ナトリウムは銀白色の軟らかい金属である。

C　リチウムは無色の液体である。

D　バリウムは銀白色の金属結晶である。

E　カルシウムは銀白色の金属結晶である。

(1)　A　B　　(2)　A　C　　(3)　B　C　　(4)　B　D　　(5)　D　E

問題2　第3類の危険物とその貯蔵の際に使うものとの組合わせとして、次のうち誤っているものはどれか。

(1)　ジエチル亜鉛……………………灯油

(2)　アルキルアルミニウム……窒素

(3)　黄りん………………………水

(4)　炭化カルシウム…………窒素

(5)　ナトリウム………………灯油

問題3　第3類危険物の消火方法として、次のA〜Eのうち誤っているものはいくつあるか。

A　ほとんどの危険物が禁水性の性質を有するため、水・泡系の消火剤（水・強化液・泡）は使用できない。

B　ほとんどの危険物には、炭酸水素塩類を主成分とする粉末消火剤またはこれらの物質の消火のために作られた粉末消火剤を使用する。

C　乾燥砂は、第3類のすべての火災の消火に使用することができる。

D　リチウムの火災には、炭酸水素塩類を主成分とする粉末消火剤は使用できない。

E　黄りんの火災には、水・泡系の消火剤は使用できない。

(1)　1つ　　(2)　2つ　　(3)　3つ　　(4)　4つ　　(5)　5つ

問題4　カリウムの危険性と保管方法として、次のうち誤っているものはどれか。

(1)　水と反応して発熱し、水素を発生して発火する。

(2)　長時間空気に触れると自然発火して燃焼し、火災を起こす危険がある。

(3)　貯蔵する場所の床面は地面より高くする。

(4)　水分との接触を避け乾燥した場所に貯蔵する。

(5)　小分けせずに、灯油などの保護液の中にまとめて貯蔵する。

問題5　ナトリウムの保護液として適しているものの組合わせは、次のうちどれか。

(1)　軽油、植物油

(2)　灯油、流動パラフィン

(3)　軽油、二硫化炭素

(4)　流動パラフィン、エチレングリコール

(5)　ヘキサン、二硫化炭素

問題6　ノルマルブチルリチウムの性状等として、次のうち誤っているものはどれか。

(1)　ジエチルエーテル、ベンゼン、パラフィン系炭化水素に溶ける。

(2)　ヘキサンやベンゼンなどの溶剤で希釈すると反応性が低減する。

(3)　空気と接触すると白煙を生じ、燃焼する。

(4)　水、アルコール類などと反応しない。

(5)　窒素などの不活性ガスの中で貯蔵し、空気や水とは絶対に接触させないようにする。

問題7　黄りんの性状等として、次のうち誤っているものはどれか。

(1)　空気中で徐々に酸化し、発火点に達すると自然発火する。

(2)　酸化剤と激しく反応して発火する。

(3)　空気に触れないように、水（保護液）の中に貯蔵する。

(4)　水にもベンゼンにも溶けない。

(5)　火気、直射日光を避け、冷暗所に貯蔵する。

問題8 ジエチル亜鉛の性状等として、次のうち正しいものはどれか。

(1) 灯油の中で貯蔵・取扱いを行い、空気や水と絶対に接触させない。

(2) 無色の結晶である。

(3) ジエチルエーテルやベンゼンには溶けない。

(4) 空気に触れると自然発火する。

(5) 水、アルコール、酸と激しく反応し、不燃性のエタンガスを発生する。

問題9 りん化カルシウムの性状として、次のうち誤っているものはどれか。

(1) 暗赤色の塊状固体または粉末である。

(2) 可燃性である。

(3) 水と激しく反応して分解し、りん化水素を発生する。

(4) りん化水素は可燃性で有毒である。

(5) アルカリには溶けない。

問題10 炭化カルシウムの性状について、次の（　　）内のA～Cに該当する語句として正しい組合わせはどれか。

「（　A　）と反応して、熱と可燃性で爆発性のある（　B　）を発生し、（　C　）となる。」

	A	B	C
(1)	水	アセチレンガス	消石灰
(2)	水	水素	カルシウム
(3)	空気	アセチレンガス	消石灰
(4)	空気	メタンガス	カルシウム
(5)	水	水素	酸化カルシウム

第3類危険物　第4回

■危険物の性質ならびにその火災予防および消火の方法

問題1　次のA〜Eの第3類の危険物のうち、自然発火性か禁水性の片方の性質しかもたないものはいくつあるか。

A　カリウム

B　リチウム

C　ジエチル亜鉛

D　黄りん

E　りん化カルシウム

(1)　1つ　　(2)　2つ　　(3)　3つ　　(4)　4つ　　(5)　5つ

問題2　第3類の危険物の貯蔵・取扱いの方法として、次のうち誤っているものはどれか。

(1)　炭化カルシウムは、金属製のドラム缶の中に貯蔵してもよい。

(2)　カリウムは、保護液中に貯蔵する。

(3)　カルシウムは、不活性ガスを封入したビンの中に貯蔵する。

(4)　炭化アルミニウムは、乾燥した場所に貯蔵し、必要に応じて不活性ガスの中に貯蔵する。

(5)　水素化ナトリウムは、不活性ガスを封入したビンの中に貯蔵する。

問題3　次のA〜Eのナトリウムとカリウムに共通する性状について、正しいものはいくつあるか。

A　比重は1より小さい。

B　銀白色の金属である。

C　強い酸化剤である。

D　空気との接触を避けるために流動パラフィンの中に保存する。

E　燃えると炎色反応を示す。

(1)　1つ　　(2)　2つ　　(3)　3つ　　(4)　4つ　　(5)　5つ

問題4　第3類の危険物の消火に関する次のA〜Dについて、正誤の組合わせとして正しいものはどれか。

A　黄りんの火災の消火に水・泡系の消火剤を使う。

B　リチウムの火災の消火に炭酸水素塩類の粉末消火剤を使う。

C　バリウムの火災の消火に水・泡系の消火剤を使う。

D　炭化カルシウムの火災の消火には、粉末消火剤か乾燥砂を使い、注水は厳禁である。

	A	B	C	D
(1)	×	○	×	○
(2)	○	○	○	×
(3)	○	○	×	○
(4)	○	×	○	○
(5)	○	○	×	×

問題5　**りん化カルシウムの性状等**として、次のうち誤っているものはどれか。

(1)　火災の際、有毒なガスが生じる。

(2)　貯蔵する場所の床面を、地面より高くする。

(3)　消火の際には粉末消火剤以外はほとんど効果がない。

(4)　弱酸と反応して激しく分解し、有毒で可燃性のあるりん化水素を発生する。

(5)　不燃性だが、分解によって生じるりん化水素が自然発火する。

問題6　**アルキルアルミニウムの性状等**として、次のうち誤っているものはどれか。

(1)　容器は耐圧性のものを使用し、安全弁はつけない。

(2)　皮膚と接触すると火傷を起こす。

(3)　取り扱う際には、保護具を着用する。

(4)　火勢が小さい場合は、粉末消火剤で消火が可能である。

(5)　窒素などの不活性ガスの中で貯蔵し、空気や水とは絶対に接触させない。

問題7 次のA〜Eの黄りんの性状等について、誤っているものの組合わせはどれか。

A　白色または淡黄色のロウ状の固体である。

B　発火点は100℃である。

C　野菜のニラに似た不快臭がある。

D　暗所では青白〜黄緑色のりん光を発する。

E　黄りんは禁水性ではないので、火災の消火には高圧での注水が有効である。

(1)　A　B　　(2)　A　D　　(3)　B　C　　(4)　B　E　　(5)　D　E

問題8 リチウムの性状等として、次のうち不適切なものはどれか。

(1)　固体単体中で最も軽く、比熱は最も大きい。

(2)　水と接触すると、常温では徐々に、高温では激しく反応し、水素を発生する。

(3)　ハロゲン元素とも激しく反応し、ハロゲン化物を生じる。

(4)　固形の場合、融点以上に加熱すると発火する。

(5)　空気との接触を避け、容器は密栓する。

問題9 バリウムの性状として、次のうち正しいものはどれか。

(1)　銀白色の金属結晶である。

(2)　ハロゲン元素と反応し水素を発生する。

(3)　固形のものが空気と混合すると、自然発火することがある。

(4)　水素と常温で反応し水素化バリウムを生じる。

(5)　水と反応して酸素を発生する。

問題10 炭化アルミニウムの性状等として、次のうち誤っているものはどれか。

(1)　純粋なものは無色透明または白色の結晶（一般には不純で黄色）である。

(2)　空気中では安定している。

(3)　1,400℃で分解し、メタンガス（可燃性・爆発性）を発生する。

(4)　水とは常温でも反応して発熱し、水素を発生する。

(5)　保管の際は、容器は密栓し、破損に注意する。必要に応じて、窒素などの不活性ガスを封入する。

第3類危険物 第5回

■危険物の性質ならびにその火災予防および消火の方法

問題1 第1類から第6類の危険物の性状等として、次のうち正しいものはどれか。

(1) 固体の危険物は比重が1より大きいものが多く、液体の危険物は比重が1より小さいものが多い。

(2) 可燃性の液体または固体で、酸素を分離し他の物質の燃焼を助けるものがある。

(3) 水と接触して発熱し、可燃性ガスを生成するものはない。

(4) 多くの酸素を含み、他から酸素を供給しなくても燃焼するものはない。

(5) 保護液には、水、灯油、アルコールなどが使われる。

問題2 危険物の類ごとの性状として、次のうち誤っているものはどれか。

(1) 第1類の危険物は、比重が1より大きい酸化性の固体である。

(2) 第2類の危険物は、大部分のものの比重が1より大きい可燃性の固体である。

(3) 第4類の危険物は、比重が1より小さいものが多い可燃性の液体である。

(4) 第5類の危険物は、比重が1より小さい自己反応性の固体または液体である。

(5) 第6類の危険物は、比重が1より大きい酸化性の液体である。

問題3 第3類の危険物の性状として、次のうち誤っているものはどれか。

(1) すべて無機化合物である。

(2) 常温では、固体か液体である。

(3) 自然発火性のものでも、常温の乾燥した不活性ガスの中では発火しない。

(4) 空気に触れただけで発火するものがある。

(5) 水と反応すると、水素を発生するものやメタンガスを発生するものなどがある。

問題4 第3類の危険物の貯蔵・取扱いの方法として、次のうち適切でないものはどれか。

(1) アルキルアルミニウムは、窒素などの不活性ガスの中で貯蔵する。

(2) カリウムは、灯油の中で貯蔵する。

(3) 黄りんは、水の中で貯蔵する。

(4) ジエチル亜鉛は、窒素などの不活性ガスの中で貯蔵する。

(5) リチウムは、灯油の中で貯蔵する。

問題5　第3類の危険物の消火について、次のうち適切なものはどれか。

(1)　ナトリウムの火災の消火にハロゲン系消火剤を使う。

(2)　ジエチル亜鉛の火災の消火に二酸化炭素消火剤を使う。

(3)　黄りんの火災の消火に高圧の強化液を放射する。

(4)　リチウムの火災の消火に炭酸水素塩類の粉末消火剤を使う。

(5)　炭化カルシウムの火災の消火に泡状の強化液を放射する。

問題6　カリウムの性状等に関する次のA～Dについて、正誤の組合わせとして正しいものはどれか。

A　アルコールに溶ける。

B　塩素の中に貯蔵する。

C　比重は1より大きい。

D　金属を腐食する。

	A	B	C	D
(1)	○	○	×	○
(2)	○	×	×	○
(3)	○	×	○	○
(4)	×	○	○	×
(5)	×	○	○	○

問題7　アルキルアルミニウムの性状等として、次のうち誤っているものはどれか。

(1)　空気に触れると発火する。

(2)　ヘキサンやベンゼンなどの溶剤で希釈すると反応性が増大する。

(3)　ハロゲン化物と激しく反応し、有毒ガスを発生する。

(4)　水と接触すると激しく反応し、発生したガスが発火して、アルキルアルミニウムを飛散させる。

(5)　火災の際の火勢が大きい場合には、乾燥砂、膨張ひる石、膨張真珠岩などで流出を防ぎ、火勢を抑制しながら燃えつきるまで監視する。

問題8 次のA～Eのジエチル亜鉛の性状等について、正しいものの組合わせはどれか。

A　アルコールと激しく反応し、可燃性のアセチレンガスを発生する。
B　引火性はない。
C　ベンゼンやヘキサンに溶けない。
D　粉末消火剤を用いて消火する。
E　比重は1より大きい。

⑴　A　B　　⑵　A　C　　⑶　B　C　　⑷　B　D　　⑸　D　E

問題9 炭化カルシウムの性状として、次のうち誤っているものはどれか。

⑴　純粋なものは無色透明または白色の結晶であるが、一般には灰色である。
⑵　消火の際には、窒息消火を目的に注水をする。
⑶　水と反応して熱と可燃性・爆発性のアセチレンガスを発生し、消石灰となる。
⑷　容器は密栓し、破損に注意する。
⑸　必要に応じて、窒素などの不活性ガスを封入する。

問題10 トリクロロシランの性状等として、次のうち誤っているものはどれか。

⑴　ベンゼン、ジエチルエーテルには溶けない。
⑵　酸化剤と混合すると、爆発的に反応する。
⑶　揮発した蒸気が空気と混合して、広い範囲で爆発性の混合ガスを形成する。
⑷　水または水蒸気と反応して発熱し、発火する危険がある。
⑸　消火の際に、注水は絶対に避ける。

第5類危険物　第1回

■危険物の性質ならびにその火災予防および消火の方法

問題1　第1類から第6類の危険物の性状等として、次のうち誤っているものはどれか。

(1)　引火性液体の燃焼は蒸発燃焼であり、引火性固体の燃焼は分解燃焼である。

(2)　危険物には、単体、化合物、混合物の3種類がある。

(3)　保護液として水を使用するものがある。

(4)　同一の物質であっても、形状等によっては危険物にならないものがある。

(5)　同一の類の危険物であっても消火方法が異なる場合がある。

問題2　次のA～Eの第5類の危険物に共通する性状のうち、正しいものの組合わせはどれか。

A　加熱、衝撃、摩擦等によって発火するものが多いが、爆発を起こすものは少ない。

B　空気中に長時間放置すると分解が進み、自然発火するものがある。

C　引火性を有するものはない。

D　金属と作用して、爆発性の金属塩を作るものがある。

E　いずれも水によく溶ける。

(1)　A　B　　(2)　A　D　　(3)　B　D　　(4)　C　E　　(5)　D　E

問題3　第5類の危険物に共通する火災予防の方法として、次のうち不適当なものはどれか。

(1)　分解しやすいものは、特に室温、湿気、通風に注意する。

(2)　一般には容器を密栓する。ただし、密栓するとかえって分解が促進する物品の場合には通気性をもたせる。

(3)　乾燥するほど爆発の危険性が増す物品があるので、注意する。

(4)　取扱場所には必要最低限の量だけを置き、廃棄する場合には小分けにして処理を行う。

(5)　作業靴、作業着などは、絶縁性があるものを着用する。

問題4 過酸化ベンゾイルの性状として、次のうち正しいものはどれか。

(1) 赤色粒状結晶の固体で臭気がある。

(2) 発火点は50℃である。

(3) 皮膚に触れても危険性はない。

(4) 強力な酸化作用を有する。

(5) 水、有機溶剤には溶けない。

問題5 硝酸エステル類の性状として、次のA～Eのうち誤っているものはいくつあるか。

A ニトログリセリン、ニトロセルロースも含まれる。

B いずれも分解の際に発生する一酸化窒素（NO）が触媒となって自然発火するため、貯蔵には注意が必要である。

C いずれも消火は困難である。

D いずれも無色の液体である。

E 凍結すると爆発力が大きくなるものがある。

(1) 1つ　　(2) 2つ　　(3) 3つ　　(4) 4つ　　(5) 5つ

問題6 ニトログリセリンの性状として、次のうち誤っているものはどれか。

(1) 甘味を有し、有毒である。

(2) 水にはほとんど溶けないが、アルコール、ジエチルエーテル等の有機溶剤には溶ける。

(3) 8℃で凍結する。

(4) 無色の油状液体である。

(5) 融点は130℃である。

問題7 ピクリン酸の性状として、次のうち正しいものはどれか。

(1) 白色の結晶である。

(2) 刺激臭がある。

(3) 少量のピクリン酸に点火すると、白い煙を出して燃える。

(4) よう素、硫黄、アルコール、ガソリンなどと混合したものは、摩擦や打撃によって激しく爆発するおそれがある。

(5) 単独では、打撃、衝撃、摩擦による発火・爆発の危険はない。

問題8　アゾビスイソブチロニトリルの性状として、次のうち誤っているものはどれか。

(1)　白色の固体である。

(2)　水にはほとんど溶けない。

(3)　アルコールに溶ける。

(4)　融点以上に加熱すると、急激に分解し窒素とシアンガスが発生し、発火する。

(5)　融点以下でも徐々に分解する。

問題9　ジアゾジニトロフェノールの性状として、次のうち誤っているものはどれか。

(1)　黄色の不定形粉末（光により変色し褐色になる）である。

(2)　水にはほとんど溶けない。

(3)　アセトンには溶ける。

(4)　摩擦や衝撃により容易に爆発する。

(5)　水分を含むと爆発的に分解する。

問題10　硫酸ヒドロキシルアミンの性状等として、次のうち誤っているものはどれか。

(1)　白色の液体である。

(2)　水に溶ける。

(3)　水溶液は強酸性であり金属を腐食する。

(4)　酸化剤と接触すると激しく反応する。

(5)　ガラス製容器など金属製以外の容器に貯蔵する。

第5類危険物　第2回

■危険物の性質ならびにその火災予防および消火の方法

問題1　危険物の類ごとの性状として、次のうち誤っているものはどれか。

(1)　第1類の危険物……酸化性で可燃性の固体である。

(2)　第2類の危険物……着火または引火しやすい可燃性の固体である。

(3)　第3類の危険物……自然発火性および禁水性の物質である。

(4)　第4類の危険物……引火性で可燃性の液体である。

(5)　第6類の危険物……酸化性で不燃性の液体である。

問題2　次のA～Eの第5類の危険物に共通する性状のうち、誤っているものはいくつあるか。

A　自己反応性物質である。

B　不燃性である。

C　比重は1より小さい。

D　自然発火するものはない。

E　酸素を分子中に含有しているものは少ない。

(1)　なし　　(2)　1つ　　(3)　2つ　　(4)　3つ　　(5)　4つ

問題3　過酢酸の性状として、次のうち正しいものはどれか。

(1)　白色の液体である。

(2)　融点は80℃、引火点は41℃である。

(3)　市販品は不揮発性溶媒の40％溶液である。

(4)　引火性はない。

(5)　無臭である。

問題4　トリニトロトルエンの性状として、次のうち誤っているものはどれか。

(1)　淡黄色の結晶（日光に当たると茶褐色に変わる）である。

(2)　熱するとアルコールに溶ける。

(3)　分子中にニトロ基を1個もつ。

(4)　同じニトロ化合物のピクリン酸よりもやや安定している。

(5)　金属とは作用しない。

問題5 次のA～Eの硝酸メチルの性状のうち、正しいものの組合わせはどれか。

A　無色透明の液体である。

B　芳香を有し、苦みがある。

C　引火の危険性はない。

D　水には溶けにくい。

E　アルコール、ジエチルエーテルには溶けない。

(1)　A　B　　(2)　A　D　　(3)　B　C　　(4)　C　E　　(5)　D　E

問題6 ニトロセルロースの保管・取扱いの方法として、次のうち誤っているものはどれか。

(1)　直射日光や加熱により分解し、自然発火することがあるので、注意する。

(2)　打撃、衝撃により発火することがあるので、注意する。

(3)　硝化度（窒素の含有量）が低いほど爆発の危険性が大きいので、注意する。

(4)　エタノールまたは水で湿潤の状態を維持し、冷暗所に貯蔵する。

(5)　ニトロセルロースが露出しないよう、加湿用のエタノール等の液量に注意する。

問題7 硫酸ヒドラジンの性状に関する次のA～Dについて、正誤の組合わせとして正しいものはどれか。

A　冷水には溶けにくいが温水には溶けて、水溶液はアルカリ性を示す。

B　アルコールには溶けない。

C　融点以上に加熱しても、分解はするが発火はしない。

D　融点以上に加熱すると分解して、水素を生成する。

	A	B	C	D
(1)	○	○	○	×
(2)	×	×	○	○
(3)	×	○	×	○
(4)	×	○	○	×
(5)	○	×	○	×

第**5**類

第2回

問題8 塩酸ヒドロキシルアミンの性状等として、次のうち誤っているものはどれか。

(1) 消火の際は、保護メガネ、防護服、ゴム手袋、防じんマスクを着用し、大量の水で消火する。

(2) 115℃以上に加熱すると爆発することがある。

(3) 水に溶け、メタノール、エタノールにわずかに溶ける。

(4) 潮解性があるが、強い還元剤である。

(5) 水溶液は強酸性で、金属を腐食する。

問題9 アジ化ナトリウムの性状として、次のうち誤っているものはどれか。

(1) 銅や銀に対しては安定である。

(2) 水に溶ける。

(3) エタノールには溶けにくく、ジエチルエーテルには溶けない。

(4) 徐々に加熱すると、融解して約300℃で分解し、窒素と金属ナトリウムを生じる。

(5) アジ化ナトリウム自体には爆発性はないが、酸と反応して有毒で爆発性のアジ化水素酸を生じる。

問題10 硝酸グアニジンの性状等として、次のうち誤っているものはどれか。

(1) 白色の結晶である。

(2) 水、アルコールに溶ける。

(3) 爆薬などの混合成分として使用されている。

(4) 急激な加熱および衝撃により爆発する危険性がある。

(5) 火災の際は、注水による消火は避ける。

第5類危険物　第3回

■危険物の性質ならびにその火災予防および消火の方法

問題1　次のA～Eの第5類の危険物の保管方法のうち、正しいものはいくつある
か。

A　保管時に容器を密栓しないのは、エチルメチルケトンパーオキサイドである。

B　保管時に乾燥に注意するのは、過酸化ベンゾイルとピクリン酸である。

C　ジアゾジニトロフェノールは、水中、またはアルコールと水の混合液の中で保
存する。

D　ニトロセルロースは、エタノールまたは水で湿潤の状態を維持し、安定剤を加
えて冷暗所に貯蔵する。

E　ガラス容器など金属製以外の容器に貯蔵するのは、硫酸ヒドロキシルアミンと
塩酸ヒドロキシルアミンである。

(1)　1つ　　(2)　2つ　　(3)　3つ　　(4)　4つ　　(5)　5つ

問題2　次のA～Eの第5類の危険物の消火の方法のうち、正しいものの組合わせ
はどれか。

A　二酸化炭素ガスの消火剤は効果的である。

B　炭酸水素塩類の粉末消火剤は効果的である。

C　一般に可燃物と酸素供給源とが共存し、自己燃焼性があるため、周りの空気か
ら酸素の供給を断つ窒息消火では効果がない。

D　アジ化ナトリウムは水や泡を使って消火する。

E　一般には強化液の泡状消火が効果的である。

(1)　A　B　　(2)　A　D　　(3)　B　C　　(4)　C　E　　(5)　D　E

問題3　有機過酸化物の性状として、次のうち誤っているものはどれか。

(1)　有機過酸化物は分子内に－O－O－という結合を有しているが、O－Oという結
合は分裂しやすく、非常に不安定で、すぐに分解し、爆発しやすい。

(2)　いずれも固体である。

(3)　過酸化ベンゾイルだけが無臭である。

(4)　エチルメチルケトンパーオキサイドと過酢酸には引火点がある。

(5)　過酸化ベンゾイルとエチルメチルケトンパーオキサイドは、水に溶けない。

問題4　過酸化ベンゾイルの性状等として、次のうち正しいものはどれか。

(1)　光によって爆発する危険性はない。

(2)　白色粒状結晶の固体で、無臭である。

(3)　着火すると、黒煙をあげて燃えるが有毒ではない。

(4)　直射日光を避けて乾燥した冷暗所に貯蔵する。

(5)　加熱、摩擦、衝撃だけで爆発する危険性はない。

問題5　エチルメチルケトンパーオキサイドの性状として、次のうち誤っているものはどれか。

(1)　市販品は、無色透明の固体である。

(2)　引火点は72℃である。

(3)　特有の臭気がある。

(4)　40℃以上になると、分解が促進される。

(5)　ぼろ布、鉄さびなどに接触すると、30℃以下でも分解する。

問題6　硝酸エチルの性状等として、次のうち不適当なものはどれか。

(1)　アルコール、ジエチルエーテルには溶ける。

(2)　引火点が10℃で、常温（20℃）よりも低いため、引火の危険性が大きい。

(3)　引火して爆発しやすい。

(4)　貯蔵または取扱いの場所は、通風をよくする。

(5)　直射日光を避けるのは、直射日光で分解、爆発する危険性があるからである。

問題7　ジニトロソペンタメチレンテトラミンの性状として、次のうち誤っているものはどれか。

(1)　淡黄色の粉末である。

(2)　水には溶けないが、アルコール、アセトン、ベンゼンにわずかに溶ける。

(3)　加熱すると約200℃で分解し、アンモニア、ホルムアルデヒド、窒素などを生じる。

(4)　加熱、衝撃等で爆発的に燃焼することがある。

(5)　強酸との接触、有機物との混合により発火することがある。

問題8 ヒドロキシルアミン、硫酸ヒドロキシルアミン、塩酸ヒドロキシルアミンの性状等として、次のうち正しいものはどれか。

(1) すべて無色の板状結晶である。

(2) すべて水に溶けない。

(3) すべて消火方法が同じである。

(4) すべて発火点がある。

(5) すべて蒸気に危険性はない。

問題9 ピクリン酸に関する次のA〜Dについて、正誤の組合わせとして正しいものはどれか。

A 塩基と反応して塩を作る。

B 窒素、硫黄、アルコール、ガソリンなどと混合したものは、摩擦や打撃によって激しく爆発するおそれがある。

C 単独では、打撃、衝撃、摩擦による、発火・爆発の危険はない。

D 急激に熱すると、約300℃で猛烈に爆発する危険性がある。

	A	B	C	D
(1)	○	×	×	○
(2)	×	×	○	○
(3)	○	×	○	×
(4)	○	×	○	○
(5)	×	○	○	×

問題10 ジアゾジニトロフェノールの性状等として、次のうち誤っているものはどれか。

(1) 一般に消火は困難である。

(2) 窒素の中で保存する。

(3) 燃焼現象は爆ごうを起こしやすい。

(4) 摩擦や衝撃により、容易に爆発する。

(5) 加熱すると爆発的に分解する。

第5類危険物　第4回

■危険物の性質ならびにその火災予防および消火の方法

問題1　危険物の類ごとの性状として、第4類の危険物に当てはまるものは次のうちどれか。

(1)　酸化されやすい固体（還元性物質・還元剤）であり、自分自身が燃える（可燃性）。

(2)　酸化しやすい固体（酸化性物質・酸化剤）であり、自分自身は燃えない（不燃性）。

(3)　腐食性があり、分解して有毒ガスを発生するものも多く存在する。比重は1より大きく、いずれも無機化合物である。

(4)　いずれも引火性の液体で、その蒸気が空気と混合気体を作り、火気等により引火または爆発する危険がある。

(5)　自然発火性物質は、空気に触れると自然発火する危険のある固体または液体である。

問題2　次のA〜Eの第5類の危険物のうち、常温（20℃）で引火するものはいくつあるか。

A　ヒドロキシルアミン

B　硝酸メチル

C　過酢酸

D　硝酸エチル

E　エチルメチルケトンパーオキサイド

(1)　なし　　(2)　1つ　　(3)　2つ　　(4)　3つ　　(5)　4つ

問題3　アゾビスイソブチロニトリルの性状等として、次のうち誤っているものはどれか。

(1)　融点は105℃である。

(2)　アルコール、ジエチルエーテルに溶ける。

(3)　目や皮膚等に接触させない。

(4)　火気、直射日光を避け、水中、またはアルコールと水の混合液の中で保存する。

(5)　火災の際には大量の水で消火する。

問題4 次のA～Eの過酢酸の性状のうち、正しいものの組合わせはどれか。

A 水、アルコール、ジエチルエーテルにはわずかに溶ける。

B 硫酸には溶けない。

C 強い酸化作用があるが、助燃作用はない。

D 110℃に加熱すると、発火・爆発する。

E 皮膚や粘膜に激しい刺激作用がある。

(1) A B　　(2) A D　　(3) B C　　(4) C E　　(5) D E

問題5 ニトログリセリンの性状等として、次のうち誤っているものはどれか。

(1) 可燃性である。

(2) 加熱、打撃、摩擦等により猛烈に爆発する。

(3) 8℃で凍結し、凍結すると、液体のときより爆発力が小さくなる。

(4) 貯蔵中に床上や箱を汚染した場合は、水酸化ナトリウム（苛性ソーダ）のアルコール溶液を注ぎ、布などで拭きとる。

(5) 燃焼の多くは爆発的で、消火の余裕はない。

問題6 トリニトロトルエンの性状等として、次のうち誤っているものはどれか。

(1) ニトログリセリンと同じくニトロ化合物である。

(2) 水には溶けず、ジエチルエーテルには溶ける。

(3) 酸化されやすいものと混在すると、打撃等によって爆発する危険がある。

(4) 固体よりも、溶融（熱を受けて液体になる）したもののほうが衝撃に対して敏感である。

(5) 火災の際には大量の水によって消火する。

問題7 ニトロセルロースについて、次の（　　）内のA～Cに該当する語句として正しい組合わせはどれか。

「ニトロセルロースは（　A　）を（　B　）と硫酸の混合液に浸して作る。（　C　）水には溶けない。」

	A	B	C
(1)	セルロース	塩酸	刺激臭があり
(2)	セルロース	硝酸	無味無臭で
(3)	コロジオン	塩酸	刺激臭があり
(4)	セルロース	塩酸	無味無臭で
(5)	コロジオン	硝酸	刺激臭があり

第**5**類

第**4**回

問題8 硫酸ヒドラジンの性状として、次のうち誤っているものはどれか。

(1) 皮膚、粘膜を刺激する。

(2) アルカリに対して激しく反応する。

(3) アルカリと接触するとヒドラジンを遊離する。

(4) 白色の結晶である。

(5) 還元性が強い。

問題9 ヒドロキシルアミンの性状として、次のうち正しいものはどれか。

(1) 水、アルコールには溶けない。

(2) 蒸気は空気より軽く、眼や気道を強く刺激する。

(3) 炎がむき出しになっている裸火や、高温物に接触すると発火する。

(4) 紫外線を受けると発火する。

(5) 大量に体内に入った場合は、血液の酸素吸収力が低下し、死に至ることがある。

問題10 次のA～Dのアジ化ナトリウムの性状等のうち、正しいものはいくつあるか。

A 皮膚に触れると炎症を起こす。

B 酸、金属粉（特に重金属粉）と隔離して保管する。

C 火災の際には乾燥砂などで消火する。

D ハロゲン化物も消火活動に効果がある。

(1) なし　　(2) 1つ　　(3) 2つ　　(4) 3つ　　(5) 4つ

第5類危険物　第5回

■危険物の性質ならびにその火災予防および消火の方法

問題1　第1類から第6類の危険物の性状等として、次のうち正しいものはどれか。

(1)　危険物は、1気圧において、常温で、液体、固体または気体である。

(2)　危険物は、分子内に、炭素、酸素または水素のいずれかを含有している。

(3)　危険物には、単体、化合物、混合物の3種類がある。

(4)　同一の物質であれば、形状等にかかわらず危険物になる。

(5)　同一の類の危険物に対する消火方法は同一である。

問題2　第5類の危険物の保管方法として、次のうち誤っているものはどれか。

(1)　硫酸ヒドロキシルアミンは、ガラス製容器など金属製以外の容器に貯蔵する。

(2)　ニトロセルロースは、エタノールまたは水で湿潤の状態を維持し、安定剤を加えて冷暗所に貯蔵する。

(3)　ジアゾジニトロフェノールは、水中、またはアルコールと水の混合液の中で保存する。

(4)　ピクリン酸は、乾燥に注意する。

(5)　硝酸メチルは、容器を密栓しない。

問題3　第5類の危険物に共通する火災の予防方法として、次のうち誤っているものはどれか。

(1)　火気または加熱などを避ける。

(2)　衝撃、摩擦などを避ける。

(3)　通風のよい冷暗所に貯蔵する。

(4)　分解しやすいものは、特に室温、湿気、通風に注意する。

(5)　乾燥を嫌う危険物は水中で保管する。

問題4 第5類の危険物とその消火方法の組合わせとして、次のうち不適当なものはどれか。

(1) 過酢酸……………………大量の水または泡消火剤で消火する。

(2) 硫酸ヒドラジン………大量の水で消火する。防じんマスク、保護メガネ等を着用する。

(3) アジ化ナトリウム……乾燥砂で消火する。

(4) ニトログリセリン……炭酸水素塩類の粉末消火剤で消火する。

(5) 硝酸グアニジン………大量の水で消火する。

問題5 過酸化ベンゾイルの保管方法として、次のうち誤っているものはどれか。

(1) 強酸類、有機物などから隔離する。

(2) 発火・爆発の抑制剤にアミン類を用いる。

(3) 容器は密栓する。

(4) 直射日光を避けて換気のよい冷暗所に貯蔵する。

(5) 火気、加熱、衝撃、摩擦を避ける。

問題6 次のA〜Eのエチルメチルケトンパーオキサイドの性状等のうち、正しいものの組合わせはどれか。

A 水には溶けない。

B ジエチルエーテルには溶ける。

C 直射日光で発火することはない。

D 衝撃等で発火することはない。

E 容器は密栓する。

(1) A B (2) A D (3) B C (4) B E (5) D E

問題7 ニトロセルロースについて、次のうち誤っているものはどれか。

(1) 打撃、衝撃により発火することがある。

(2) セルロイドはニトロセルロースにアルコールを混ぜて作られたもので、古いものや粗製品ほど自然発火の危険が高まる。

(3) 硝化度（窒素含有量）が低い弱硝化綿からは、コロジオンが作られる。

(4) 硝化度（窒素含有量）が高いほど爆発の危険性が大きい。

(5) 精製が悪く酸が残っている場合は、直射日光や加熱で分解・発火することがある。

問題8 硝酸メチルと硝酸エチルに関する次のA～Dについて、正誤の組合わせとして正しいものはどれか。

A どちらも有機過酸化物に分類される。

B どちらも白色の液体である。

C どちらも芳香があり、甘味がある。

D どちらも水に溶けにくく、アルコール、ジエチルエーテルに溶ける。

	A	B	C	D
(1)	○	○	○	○
(2)	×	×	○	○
(3)	○	×	○	×
(4)	○	×	○	○
(5)	×	○	○	×

問題9 ピクリン酸について、次のうち誤っているものはどれか。

(1) 引火点も発火点も200℃以上である。

(2) 比重は1.8である。

(3) アルカリ性なので、金属と作用して、爆発性の金属塩を作る。

(4) 乾燥した状態ほど危険性が増すので注意する。

(5) よう素、硫黄などの酸化されやすい物質との混合を避ける。

問題10 次のA～Dの硫酸ヒドロキシルアミンの性状等のうち、誤っているものはいくつあるか。

A 湿潤な場所に貯蔵する。

B クラフト紙袋に入った状態で流通することがある。

C 蒸気は安全である。

D 炎がむき出しになっている裸火や、高温物に接触すると爆発的に燃焼する。

(1) なし　　(2) 1つ　　(3) 2つ　　(4) 3つ　　(5) 4つ

第6類危険物　第1回

■危険物の性質ならびにその火災予防および消火の方法

問題1　第1類から第6類の危険物の性状として、次のうち正しいものはどれか。

(1)　不燃性の液体または固体で、酸素を分離し他の物質の燃焼を助けるものがある。

(2)　水と接触して、可燃性ガスを生成するものはない。

(3)　多くの酸素を含み、他から酸素を供給しなくても燃焼するものはない。

(4)　第2類から第5類の危険物は、すべて可燃性である。

(5)　固体の危険物は比重が1より大きく、液体の危険物は比重が1より小さい。

問題2　次のA～Eの第6類の危険物の共通の性状のうち、正しいものの組合わせはどれか。

A　酸化力が強く、可燃物、有機物と混ぜるとこれを酸化させ、場合によって着火させることがある。

B　ほとんどのものが無臭である。

C　水と反応し、発熱するものもあるが有害なガスを発生するものはない。

D　比重が1より大きく、水よりも重い。

E　火源があれば燃焼する。

(1)　A　B　　(2)　A　D　　(3)　B　C　　(4)　C　E　　(5)　D　E

問題3　第6類（ハロゲン間化合物を除く）の火災の際の消火剤として、次のうち不適切なものはどれか。

(1)　粉末消火剤（りん酸塩類）

(2)　粉末消火剤（炭酸水素塩類）

(3)　膨張真珠岩

(4)　乾燥砂

(5)　水・泡系消火剤

問題4　第6類の危険物の貯蔵・取扱いに関する次のA〜Dについて、正誤の組合わせとして正しいものはどれか。

A　可燃物、有機物、酸化剤との接触を避ける。

B　通風のよい場所で取り扱う。

C　火気、日光の直射を避ける。

D　貯蔵容器は耐酸性のものとする。

	A	B	C	D
(1)	○	○	○	○
(2)	×	○	○	○
(3)	○	×	○	×
(4)	○	×	○	○
(5)	×	○	○	×

問題5　次の第6類の危険物のうち、貯蔵・取扱いの際に容器を密栓してはいけないものはどれか。

(1)　過塩素酸

(2)　過酸化水素

(3)　硝酸

(4)　発煙硝酸

(5)　五ふっ化よう素

問題6　過塩素酸の性状として、次のうち誤っているものはどれか。

(1)　融点は−112℃である。

(2)　沸点は39℃である。

(3)　非常に安定した物質である。

(4)　強い酸化力をもち、イオン化傾向が小さい銀や銅とも激しく反応する。

(5)　空気中で強く発煙する。

問題7　過酸化水素の性状として、次のうち誤っているものはどれか。

(1)　比重は1.5である。

(2)　沸点は152℃である。

(3)　水に溶けやすく、水溶液は弱酸性である。

(4)　漂白剤や消毒剤などとして用いられている。

(5)　消毒薬のオキシドールは過酸化水素の10%水溶液である。

問題8　次のA～Eの硝酸の危険性等のうち正しいものはいくつあるか。

A　鉄、アルミニウムなどは濃硝酸には激しく腐食されるが、希硝酸には腐食されない。

B　酸化被膜ができた状態を動態という。

C　ステンレスは、その表面に酸化被膜と呼ばれる耐食性の薄い膜ができているため腐食されない。

D　強力な還元剤であり、銅、水銀、銀とも反応する。

E　硝酸は、アンモニア（NH_3）の酸化によって作られる。

(1)　1つ　　(2)　2つ　　(3)　3つ　　(4)　4つ　　(5)　5つ

問題9　ハロゲン間化合物の消火方法として、次のうち最も適切なものはどれか。

(1)　膨張ひる石で覆う。

(2)　霧状の水を放射する。

(3)　棒状の水を放射する。

(4)　霧状の強化液を放射する。

(5)　二酸化炭素消火剤を放射する。

問題10　五ふっ化よう素の性状等として、次のうち誤っているものはどれか。

(1)　反応性に富み、非金属と容易に反応する。

(2)　金属などと反応して、有毒なふっ化物を生成する。

(3)　水と激しく反応して、ふっ化水素とよう素酸を発生する。

(4)　ガラス製の容器に保管する。

(5)　無色の液体である。

第6類危険物　第2回

■危険物の性質ならびにその火災予防および消火の方法

問題1　危険物の類ごとの性状として、次のうち誤っているものはどれか。

(1) 第2類の危険物は、酸化剤と混合した場合、加熱、衝撃等によって爆発する危険性がある。

(2) 第3類の危険物は、空気または水と接触することによって、直ちに危険性が生じる。

(3) 第4類の危険物は、引火性液体で、その蒸気は空気よりも軽い。

(4) 第5類の危険物は、自己反応性の物質で、比重は1よりも大きい。

(5) 第1類の危険物は、加熱、衝撃、摩擦等により分解し、酸素を放出する。

問題2　第1類から第6類の危険物の性状等として、次のうち誤っているものはどれか。

(1) 危険物は、1気圧において、常温で、液体または固体である。

(2) 危険物には、単体、化合物、混合物の3種類がある。

(3) 炭素、水素、酸素のすべてを含まないものがある。

(4) 危険物には燃焼しないものはない。

(5) 保護液として水を使用するものがある。

問題3　次の第6類の危険物のうち、水と反応して猛毒なガスを発生するものはどれか。

(1) 過塩素酸

(2) 過酸化水素

(3) 硝酸

(4) 発煙硝酸

(5) 三ふっ化臭素

問題4 次のA～Eの第6類の危険物とその保管容器との組合わせのうち、適切な組合わせはいくつあるか。

A　過塩素酸…………ガラス製の容器

B　過酸化水素………ガス抜き口のある栓をした容器

C　硝酸……………銅製の容器

D　発煙硝酸…………ステンレス鋼やアルミニウム製の容器

E　三ふっ化臭素……木製の容器

⑴　なし　　⑵　1つ　　⑶　2つ　　⑷　3つ　　⑸　4つ

問題5 次のA～Eの第6類の危険物の性状のうち、誤っているものの組合わせはどれか。

A　過塩素酸には刺激臭がある。

B　過酸化水素は極めて不安定で、濃度50％以上では常温でも水素と水に分解する。

C　硝酸は、湿気を含む空気中で白い色で発煙する。

D　発煙硝酸は、濃硝酸に二酸化窒素を加圧飽和させて作られる。

E　五ふっ化臭素は三ふっ化臭素よりも反応性に富む。

⑴　A　B　　⑵　A　D　　⑶　B　C　　⑷　C　E　　⑸　D　E

問題6 過塩素酸の危険性として、次のうち誤っているものはどれか。

⑴　蒸気は皮膚、眼、気道に対して著しい腐食性を示す。

⑵　水中に滴下すると音を発し、発熱する。

⑶　加熱すると分解して、有毒な二酸化窒素を発生する。

⑷　おがくず、ぼろ布などの可燃物と接触すると、自然発火することがある。

⑸　アルコールなどの有機物と混合すると、急激な酸化反応を起こし、発火または爆発することがある。

問題7 硝酸の危険性として、次のうち誤っているものはどれか。

⑴　二硫化炭素、アミン類、ヒドラジン類などと混合すると、発火または爆発する。

⑵　木片、紙、アルコールなどの有機物と接触すると分解はするが発火はしない。

⑶　硝酸の蒸気は極めて有毒である。

⑷　分解で生じる窒素酸化物のガスは極めて有毒である。

⑸　腐食作用が強く、人体に触れると薬傷（化学薬品による皮膚の損傷）を生じる。

問題8 過酸化水素の危険性に関する次のA～Dについて、正誤の組合わせとして正しいものはどれか。

A 熱や日光による分解は緩やかである。

B 金属粉、酸化剤の混合により分解し、加熱や動揺によって爆発が起こることがある。

C 高濃度の場合、皮膚に触れると火傷を起こす。

D 分解を抑制するために安定剤を添加する。

	A	B	C	D
(1)	○	○	○	×
(2)	×	×	○	○
(3)	○	○	×	×
(4)	○	×	○	○
(5)	×	○	○	×

問題9 発煙硝酸の性状等として、次のうち正しいものはどれか。

(1) 濃度が70％以上の硝酸を、発煙硝酸という。

(2) 無色の液体である。

(3) 濃硝酸と二酸化窒素を加熱飽和して作る。

(4) 蒸気は極めて有毒である。

(5) 発煙硝酸には燃焼性がある。

問題10 五ふっ化臭素の性状として、次のうち誤っているものはどれか。

(1) 無色の液体である。

(2) 融点は－60℃である。

(3) ほとんどすべての元素、化合物と反応する。

(4) 沸点が低く、揮発性がある。

(5) 三ふっ化臭素よりも反応性が低い。

第6類危険物　第3回

■危険物の性質ならびにその火災予防および消火の方法

問題1　危険物の類ごとの性状として、次のうち誤っているものはどれか。

(1) 第1類の危険物は、酸化性の固体である。

(2) 第2類の危険物は、比較的低い温度で着火または引火しやすい固体である。

(3) 第3類の危険物は、自然発火性または禁水性の固体である。

(4) 第4類の危険物は、引火性の液体である。

(5) 第5類の危険物は、自己燃焼しやすい固体または液体である。

問題2　第6類の危険物に共通する性状として、次のうち誤っているものはどれか。

(1) ほとんどのものが刺激臭を有する。

(2) いずれも強酸化剤である。

(3) いずれも有機化合物である。

(4) 分解して有毒ガスを発生するものが多い。

(5) いずれも比重が1より大きく、水よりも重い。

問題3　次の第6類の危険物のうち、安定剤を添加するものはどれか。

(1) 過塩素酸

(2) 過酸化水素

(3) 硝酸

(4) 発煙硝酸

(5) 五ふっ化よう素

問題4　次のA〜Eの第6類の危険物とそれが発生するものとの組合わせのうち、適切な組合わせはいくつあるか。

A　過塩素酸…………塩化水素ガス

B　過酸化水素………酸素

C　硝酸………………酸素と二酸化窒素

D　発煙硝酸…………二酸化窒素

E　三ふっ化臭素……ふっ化水素

(1) 1つ　　(2) 2つ　　(3) 3つ　　(4) 4つ　　(5) 5つ

問題5　第6類の危険物とその消火の方法に関する次のA〜Dについて、正誤の組合わせとして正しいものはどれか。

A　三ふっ化臭素……りん酸塩類の粉末消火剤を放射

B　過塩素酸…………強化液を放射

C　過酸化水素………二酸化炭素消火剤を放射

D　硝酸………………消石灰で中和

	A	B	C	D
(1)	◯	◯	◯	×
(2)	×	×	◯	◯
(3)	◯	×	◯	×
(4)	◯	×	◯	◯
(5)	◯	◯	×	◯

問題6　過塩素酸の流出時の対応として、次のうち誤っているものはどれか。

(1)　大量の水で洗い流す。

(2)　防毒マスクなどの保護具を着用する。

(3)　大量の乾燥砂で流出を防ぐ。

(4)　おがくずやぼろ布で吸い取る。

(5)　ソーダ灰などで中和する。

問題7　過酸化水素の保管方法として、次のうち誤っているものはどれか。

(1)　直射日光を避け、冷暗所に貯蔵する。

(2)　分解によって発生した酸素で容器が破裂しないよう、容器は密栓しない。

(3)　通気のための穴（ガス抜き口）を容器にあける。

(4)　分解を抑制するために安定剤を添加する。

(5)　流出した場合は、多量の水で洗い流す。

問題8 硝酸の保管方法について、次の（　　）内のA〜Cに該当する語句として正しい組合わせはどれか。

「（　A　）がよく、（　B　）の少ない場所に貯蔵し、ステンレス鋼や（　C　）製の容器を用いる。」

	A	B	C
(1)	日当たり	乾き	銀
(2)	換気	湿気	アルミニウム
(3)	換気	湿気	銀
(4)	水はけ	乾き	アルミニウム
(5)	水はけ	ほこり	銅

問題9 三ふっ化臭素の性状等として、次のうち誤っているものはどれか。
(1) ふっ素と臭素の化合物である。
(2) ふっ素も臭素もハロゲン元素である。
(3) 五ふっ化臭素よりも反応性が低い。
(4) 金属等とはあまり反応しない。
(5) ガラス製の容器は使えない。

問題10 五ふっ化よう素について、次のうち誤っているものはどれか。
(1) 融点は9.4℃である。
(2) 水との接触を避ける。
(3) 可燃物との接触を避ける。
(4) 容器は密栓する。
(5) 流出したときは風下側で処理の作業をする。

第6類危険物　第4回

■危険物の性質ならびにその火災予防および消火の方法

問題1　危険物の類ごとの性状として、次のうち正しいものはどれか。

(1)　第1類の危険物は、可燃物の燃焼を助ける可燃性の固体である。

(2)　第2類の危険物は、着火しやすく、比較的低温で引火しやすい固体である。

(3)　第3類の危険物は、自然発火し、または水と接触して発火もしくは可燃性ガスを発生する固体である。

(4)　第4類の危険物は、水に溶けずに水に浮くものが少ない。

(5)　第5類の危険物は、可燃物の燃焼を助ける可燃性の液体である。

問題2　第6類の危険物の物品名に該当しないものは次のうちどれか。

(1)　過塩素酸塩類

(2)　過酸化水素

(3)　硝酸

(4)　発煙硝酸

(5)　三ふっ化臭素

問題3　次のA～Eの第6類の危険物に共通する性状のうち、誤っているものの組合わせはどれか。

A　衝撃だけで爆発するものがある。

B　密閉容器に入れても次第に分解するものがある。

C　熱や日光だけで、分解するものはない。

D　湿気を含む空気中で褐色に発煙するものがある。

E　可燃物が接触すると発熱し、自然発火を起こすものがある。

(1)　A　B　　(2)　A　C　　(3)　B　C　　(4)　C　E　　(5)　D　E

問題4 次のＡ～Ｅの第６類の危険物とその形状との組合わせのうち、適切な組合わせはいくつあるか。

A 過塩素酸…………無色の発煙性液体

B 過酸化水素………粘性のある無色の液体（純粋なもの）

C 硝酸………………無色の液体（熱や光の作用で生じる二酸化窒素により黄褐色になることもある）

D 発煙硝酸…………無色の液体

E 三ふっ化臭素……赤色または赤褐色の液体

(1) なし　(2) 1つ　(3) 2つ　(4) 3つ　(5) 4つ

問題5 次のＡ～Ｅの過塩素酸の保管方法のうち、正しいものの組合わせはどれか。

A 非常に不安定な物質なので、取扱い、保管が難しい。

B 定期的に検査をする。

C 汚損や変色しているときは中和する。

D 流出したときは、大量の水で洗い流してから消石灰などで中和する。

E 金属と反応するので、木製などの容器に貯蔵する。

(1) Ａ　Ｂ　(2) Ａ　Ｂ　Ｄ　(3) Ａ　Ｄ　(4) Ｂ　Ｃ　(5) Ｃ　Ｅ

問題6 過酸化水素に混合したとき、爆発の危険性がない物質として、次のうち正しいものはどれか。

(1) 塩酸

(2) 酢酸

(3) エタノール

(4) 二酸化マンガン

(5) りん酸

問題7 ハロゲン間化合物の性状等として、次のうち正しいものはどれか。

(1) ガラス製の容器で保存する。

(2) 加熱すると酸素を発生する。

(3) 常温（20℃）で固体である。

(4) 揮発性のものもある。

(5) 注水により消火する。

問題8 五ふっ化臭素の保管と消火の方法について、次の（　）内のA〜Cに該当する語句として正しい組合わせはどれか。

「水や（　A　）との接触を避け、容器は（　B　）。消火の際には（　C　）または乾燥砂などを用いる。」

	A	B	C
(1)	不燃物	密栓する	ガス系消火剤
(2)	酸化物	密栓する	ガス系消火剤
(3)	可燃物	密栓する	粉末消火剤
(4)	可燃物	密栓しない	粉末消火剤
(5)	酸化物	密栓しない	粉末消火剤

第6類

第4回

問題9 硝酸の流出時の手順等に関する次のA〜Dについて、正誤の組合わせとして正しいものはどれか。

A　大量の乾燥砂で流出を防ぐとともに、これに硝酸を吸着させて取り除く。

B　水または強化液消火剤を放射して、一気に希釈する。

C　消石灰またはソーダ灰で中和してから、多量の水で洗い流す。

D　防毒マスクなどの保護具を必ず着用し、風上で作業する。

	A	B	C	D
(1)	○	×	○	○
(2)	×	×	○	○
(3)	○	○	×	○
(4)	○	×	○	×
(5)	×	○	×	○

問題10 第6類の危険物とその危険物に接触させてはいけないものとの組合わせとして、次のうち不適当なものはどれか。

(1) 硝酸‥‥‥‥‥‥‥‥鉄片

(2) 発煙硝酸‥‥‥‥‥二硫化炭素

(3) 三ふっ化臭素‥‥‥水

(4) 過塩素酸‥‥‥‥‥アルコール

(5) 過酸化水素‥‥‥‥金属粉

第6類危険物　第5回

■危険物の性質ならびにその火災予防および消火の方法

問題1　次のA～Eの第1類から第6類の危険物の性状のうち、正しいものはいくつあるか。

A　同一の危険物に対する消火方法は同じである。

B　保護液として灯油や水を使用するものがある。

C　すべての危険物には引火点がある。

D　危険物には燃焼しないものはない。

E　危険物には、単体、化合物、混合物の3種類がある。

(1)　なし　　(2)　1つ　　(3)　2つ　　(4)　3つ　　(5)　4つ

問題2　第6類の危険物の貯蔵・取扱いの方法として、次のうち誤っているものはどれか。

(1)　いずれも皮膚を腐食するので、取扱いの際には適正な保護具を着用する。

(2)　過酸化水素を除き、容器は密栓する。

(3)　過塩素酸は、定期的に検査をして、汚損、変色しているものは廃棄する。

(4)　過酸化水素は、直射日光を避けて貯蔵する。

(5)　ハロゲン間化合物は水との接触は厳禁であるが、可燃物との接触は問題ない。

問題3　第6類の危険物の火災の際の消火剤として、次のうち誤っているものはどれか。

(1)　ハロゲン間化合物に、水・泡系の消火剤は厳禁である。

(2)　ハロゲン間化合物以外の危険物に、水・泡系消火剤は適当である。

(3)　第6類の危険物に、粉末消火剤（りん酸塩類）は適当である。

(4)　第6類の危険物に、乾燥砂は適当である。

(5)　第6類の危険物に、ハロゲン化物消火剤は適当である。

問題4　第6類の危険物の保管の容器について、次のうち不適切なものはどれか。

(1)　過塩素酸は、ガラス製などの容器で保管する。

(2)　硝酸は、ステンレス鋼やアルミニウム製の容器で保管する。

(3)　発煙硝酸は、ステンレス鋼やアルミニウム製の容器で保管する。

(4)　三ふっ化臭素には、ガラス製の容器は不適切である。

(5)　五ふっ化よう素の容器を木製の棚に置くのは適切である。

問題5　第6類（ハロゲン間化合物を除く）の危険物に関する二次的な災害を防止するための注意事項として、次のうち不適切なものはどれか。

(1)　危険物が流出した場合は、危険物が広がらないように乾燥砂で土手を作る。

(2)　危険物が流出した場合は、大量の乾燥砂をかけて乾燥砂に危険物を吸着させる。

(3)　危険物が流出した場合は、乾燥砂で中和する。

(4)　水または強化液消火剤を放射し、徐々に希釈する。

(5)　多量の水を使用する際は、危険物が飛散しないように注意する。

問題6　過塩素酸の性状として、次のうち誤っているものはどれか。

(1)　それ自体は不燃性である。

(2)　加熱すると爆発する。

(3)　密閉容器に入れて冷暗所に保存することで、分解を止める。

(4)　分解すると黄色に変色し、やがて爆発的分解を起こす。

(5)　無色の発煙性液体である。

問題7　過酸化水素の保管の際に、ガス抜き口のある栓をする理由として、次のうち正しいものはどれか。

(1)　分解によって発生した塩化水素ガスで容器が破裂するのを防ぐため。

(2)　分解によって発生した二酸化窒素ガスで容器が破裂するのを防ぐため。

(3)　分解によって発生したふっ化水素で容器が破裂するのを防ぐため。

(4)　分解を抑制する安定剤を添加するため。

(5)　分解によって発生した酸素で容器が破裂するのを防ぐため。

問題8 硝酸による腐食に関する次のA～Dについて、正誤の組合わせとして正しいものはどれか。

A 硝酸は白金を腐食させる。
B 硝酸は金を腐食させる。
C 硝酸は銀を腐食させる。
D 硝酸は銅を腐食させる。

	A	B	C	D
(1)	○	○	○	×
(2)	○	○	×	×
(3)	○	×	○	×
(4)	×	×	○	○
(5)	×	○	○	×

問題9 発煙硝酸の性状について、次の（　）内のA～Cに該当する語句として正しい組合わせはどれか。

「赤色または赤褐色の（　A　）で、比重は（　B　）、硝酸よりも酸化力が（　C　）。」

	A	B	C
(1)	固体	0.8	弱い
(2)	液体	0.9	強い
(3)	液体	1.52～	強い
(4)	液体	0.7	強い
(5)	固体	2.4	弱い

問題10 次のA～Eのハロゲン間化合物の性状等のうち、正しいものはいくつあるか。

A ふっ素原子を多く含むものほど反応性が高い。
B ほとんどの金属、非金属と反応してふっ化物を作る。
C 水と反応して発熱と分解を起こし、猛毒で腐食性のあるふっ化水素を生じる。
D 消火の際には、炭酸水素塩類を用いた粉末消火剤あるいは乾燥砂などを使う。
E 2種のハロゲンの電気陰性度の差が大きいものほど安定になる傾向がある。

(1) なし　　(2) 1つ　　(3) 2つ　　(4) 3つ　　(5) 4つ

予想模擬試験

乙種

受験科目免除の場合は、「性質・消火」の欄のみを使用します。

〈マーク記入例〉

よい例	悪い例	小さい	レ点	直線	薄い
●		·	✓	❘	(薄い)

月　日

東京都

山田一郎

乙種第1類
乙種第2類
乙種第3類
乙種第4類
乙種第5類
乙種第6類

E－□□□□

法令 1〜15

物理・化学 16〜25

性質・消火 26〜35

①マーク記入例の「よい例」のようにマークしてください。
②カードには、HBかBの鉛筆を使ってマークしてください。
③訂正するときは、消しゴムできれいに消してください。
④カードを、折り曲げたり、よごしたりしないでください。
⑤カードの、必要のない所にマークしたり、記入したりしないでください。

予想模擬試験

乙種

東京都

山田一郎

月　日

乙種第1類 ① ① ① ① ①
乙種第2類 ② ② ② ② ②
乙種第3類 ③ ③ ③ ③ ③
乙種第4類 ④ ④ ④ ④ ④
乙種第5類 ⑤ ⑤ ⑤ ⑤ ⑤
乙種第6類 ⑥ ⑥ ⑥ ⑥ ⑥
　　　　 ⑦ ⑦ ⑦ ⑦ ⑦
　　　　 ⑧ ⑧ ⑧ ⑧ ⑧
　　　　 ⑨ ⑨ ⑨ ⑨ ⑨
　　　　 ⓪ ⓪ ⓪ ⓪ ⓪

E	－			

〈マーク記入例〉

よい例　●
悪い例　小さい ● ／ レ点 ✓ ／ 直線 ❘ ／ 薄い ◕

キリトリセン

※科目免除の場合は、「性質・消火」の欄のみを使用します。

法令

	①	②	③	④	⑤
1	①	②	③	④	⑤
2	①	②	③	④	⑤
3	①	②	③	④	⑤
4	①	②	③	④	⑤
5	①	②	③	④	⑤
6	①	②	③	④	⑤
7	①	②	③	④	⑤
8	①	②	③	④	⑤
9	①	②	③	④	⑤
10	①	②	③	④	⑤
11	①	②	③	④	⑤
12	①	②	③	④	⑤
13	①	②	③	④	⑤
14	①	②	③	④	⑤
15	①	②	③	④	⑤

物理・化学

16	①	②	③	④	⑤
17	①	②	③	④	⑤
18	①	②	③	④	⑤
19	①	②	③	④	⑤
20	①	②	③	④	⑤
21	①	②	③	④	⑤
22	①	②	③	④	⑤
23	①	②	③	④	⑤
24	①	②	③	④	⑤
25	①	②	③	④	⑤

性質・消火

26	①	②	③	④	⑤
27	①	②	③	④	⑤
28	①	②	③	④	⑤
29	①	②	③	④	⑤
30	①	②	③	④	⑤
31	①	②	③	④	⑤
32	①	②	③	④	⑤
33	①	②	③	④	⑤
34	①	②	③	④	⑤
35	①	②	③	④	⑤

①マーク記入例の「よい例」のようにマークしてください。
②カードには、HBかBの鉛筆を使ってマークしてください。
③訂正するときは、消しゴムできれいに消してください。
④カードを、折り曲げたり、よごしたりしないでください。
⑤カードの、必要のない所にマークしたり、記入したりしないでください。

予想模擬試験

乙種

〈マーク記入例〉

よい例	悪い例	小さい	レ点	直線	薄い
●		⊙		①	

※科目免除の場合は、「性質・消火」の欄のみを使用します。

キリトリセン

月　日

東京都

山田一郎

法令

1	2	3	4	5	6	7	8	9	10	11	12	13	14	15
①	①	①	①	①	①	①	①	①	①	①	①	①	①	①
②	②	②	②	②	②	②	②	②	②	②	②	②	②	②
③	③	③	③	③	③	③	③	③	③	③	③	③	③	③
④	④	④	④	④	④	④	④	④	④	④	④	④	④	④
⑤	⑤	⑤	⑤	⑤	⑤	⑤	⑤	⑤	⑤	⑤	⑤	⑤	⑤	⑤

物理・化学

16	17	18	19	20	21	22	23	24	25
①	①	①	①	①	①	①	①	①	①
②	②	②	②	②	②	②	②	②	②
③	③	③	③	③	③	③	③	③	③
④	④	④	④	④	④	④	④	④	④
⑤	⑤	⑤	⑤	⑤	⑤	⑤	⑤	⑤	⑤

性質・消火

26	27	28	29	30	31	32	33	34	35
①	①	①	①	①	①	①	①	①	①
②	②	②	②	②	②	②	②	②	②
③	③	③	③	③	③	③	③	③	③
④	④	④	④	④	④	④	④	④	④
⑤	⑤	⑤	⑤	⑤	⑤	⑤	⑤	⑤	⑤

①マーク記入例の「よい例」のようにマークしてください。
②カードには、HBかBの鉛筆を使ってマークしてください。
③訂正するときは、消しゴムできれいに消してください。
④カードを、折り曲げたり、よごしたりしないでください。
⑤カードの、必要のない所にマークしたり、記入したりしないでください。

乙種第1類
乙種第2類
乙種第3類
乙種第4類
乙種第5類
乙種第6類

E　－

①	①	①	①	①	
②	②	②	②	②	
③	③	③	③	③	
④	④	④	④	④	
⑤	⑤	⑤	⑤	⑤	
⑥	⑥	⑥	⑥	⑥	
⑦	⑦	⑦	⑦	⑦	
⑧	⑧	⑧	⑧	⑧	
⑨	⑨	⑨	⑨	⑨	
⓪	⓪	⓪	⓪	⓪	

予想模擬試験

※科目免除の場合は、[性質・消火] の欄のみを使用します。

乙種

月　　　日

東京都

山田一郎

〈マーク記入例〉

E				
—				

乙種第1類	① ① ① ① ①
乙種第2類	② ② ② ② ②
乙種第3類	③ ③ ③ ③ ③
乙種第4類	④ ④ ④ ④ ④
乙種第5類	⑤ ⑤ ⑤ ⑤ ⑤
乙種第6類	⑥ ⑥ ⑥ ⑥ ⑥
	⑦ ⑦ ⑦ ⑦ ⑦
	⑧ ⑧ ⑧ ⑧ ⑧
	⑨ ⑨ ⑨ ⑨ ⑨
	⑩ ⑩ ⑩ ⑩ ⑩

よい例　●　　悪い例　小さい・　レ点レ　直線❘　薄い◉

法令

1	① ② ③ ④ ⑤
2	① ② ③ ④ ⑤
3	① ② ③ ④ ⑤
4	① ② ③ ④ ⑤
5	① ② ③ ④ ⑤
6	① ② ③ ④ ⑤
7	① ② ③ ④ ⑤
8	① ② ③ ④ ⑤
9	① ② ③ ④ ⑤
10	① ② ③ ④ ⑤
11	① ② ③ ④ ⑤
12	① ② ③ ④ ⑤
13	① ② ③ ④ ⑤
14	① ② ③ ④ ⑤
15	① ② ③ ④ ⑤

物理・化学

16	① ② ③ ④ ⑤
17	① ② ③ ④ ⑤
18	① ② ③ ④ ⑤
19	① ② ③ ④ ⑤
20	① ② ③ ④ ⑤
21	① ② ③ ④ ⑤
22	① ② ③ ④ ⑤
23	① ② ③ ④ ⑤
24	① ② ③ ④ ⑤
25	① ② ③ ④ ⑤

性質・消火

26	① ② ③ ④ ⑤
27	① ② ③ ④ ⑤
28	① ② ③ ④ ⑤
29	① ② ③ ④ ⑤
30	① ② ③ ④ ⑤
31	① ② ③ ④ ⑤
32	① ② ③ ④ ⑤
33	① ② ③ ④ ⑤
34	① ② ③ ④ ⑤
35	① ② ③ ④ ⑤

①マーク記入例の「よい例」のようにマークしてください。
②カードには、HBかBの鉛筆を使ってマークしてください。
③訂正するときは、消しゴムできれいに消してください。
④カードを、折り曲げたり、よごしたりしないでください。
⑤カードの、必要のない所にマークしたり、記入したりしないでください。

■元素の周期表

典型元素　遷移元素　典型元素

族 / 周期	1	2	3	4	5	6	7	8	9	10	11	12	13	14	15	16	17	18
1	₁H 水素																	₂He ヘリウム
2	₃Li リチウム	₄Be ベリリウム											₅B ホウ素	₆C 炭素	₇N 窒素	₈O 酸素	₉F フッ素	₁₀Ne ネオン
3	₁₁Na ナトリウム	₁₂Mg マグネシウム											₁₃Al アルミニウム	₁₄Si ケイ素	₁₅P リン	₁₆S 硫黄	₁₇Cl 塩素	₁₈Ar アルゴン
4	₁₉K カリウム	₂₀Ca カルシウム	₂₁Sc スカンジウム	₂₂Ti チタン	₂₃V バナジウム	₂₄Cr クロム	₂₅Mn マンガン	₂₆Fe 鉄	₂₇Co コバルト	₂₈Ni ニッケル	₂₉Cu 銅	₃₀Zn 亜鉛	₃₁Ga ガリウム	₃₂Ge ゲルマニウム	₃₃As ヒ素	₃₄Se セレン	₃₅Br 臭素	₃₆Kr クリプトン
5	₃₇Rb ルビジウム	₃₈Sr ストロンチウム	₃₉Y イットリウム	₄₀Zr ジルコニウム	₄₁Nb ニオブ	₄₂Mo モリブデン	₄₃Tc テクネチウム	₄₄Ru ルテニウム	₄₅Rh ロジウム	₄₆Pd パラジウム	₄₇Ag 銀	₄₈Cd カドミウム	₄₉In インジウム	₅₀Sn スズ	₅₁Sb アンチモン	₅₂Te テルル	₅₃I ヨウ素	₅₄Xe キセノン
6	₅₅Cs セシウム	₅₆Ba バリウム	57〜71 ランタノイド	₇₂Hf ハフニウム	₇₃Ta タンタル	₇₄W タングステン	₇₅Re レニウム	₇₆Os オスミウム	₇₇Ir イリジウム	₇₈Pt 白金	₇₉Au 金	₈₀Hg 水銀	₈₁Tl タリウム	₈₂Pb 鉛	₈₃Bi ビスマス	₈₄Po ポロニウム	₈₅At アスタチン	₈₆Rn ラドン
7	₈₇Fr フランシウム	₈₈Ra ラジウム	89〜103 アクチノイド															

凡例：
原子番号　元素記号
₁H　単体が20℃・1気圧で
水素　●＝気体　○＝液体　記号なし＝固体
元素名

□：非金属の典型元素
□：金属の典型元素
□：金属の遷移元素

アルカリ金属　アルカリ土類金属　ハロゲン　希ガス

金属性　強　弱

●151●

● 法改正・正誤等の情報につきましては、下記「ユーキャンの本」ウェブサイト内
「追補（法改正・正誤）」をご覧ください。
https://www.u-can.co.jp/book/information

● 本書の内容についてお気づきの点は
・「ユーキャンの本」ウェブサイト内「よくあるご質問」をご参照ください。
https://www.u-can.co.jp/book/faq
・郵送・FAXでのお問い合わせをご希望の方は、書名・発行年月日・お客様のお名前・ご住所・
FAX番号をお書き添えの上、下記までご連絡ください。
【郵送】〒169-8682 東京都新宿北郵便局 郵便私書箱第2005号
ユーキャン学び出版 危険物取扱者資格書籍編集部
【FAX】03-3350-7883
◎より詳しい解説や解答方法についてのお問い合わせ、他社の書籍の記載内容等に関しては回答
いたしかねます。

● お電話でのお問い合わせ・質問指導は行っておりません。

ユーキャンの 乙種第1・2・3・5・6類危険物取扱者 予想問題集 第2版

2017年 6 月16日　初　版　第 1 刷発行	編　者　ユーキャン危険物取扱者
2021年 5 月24日　第 2 版　第 1 刷発行	試験研究会
2024年 2 月 1 日　第 2 版　第 2 刷発行	発行者　品川泰一

発行所　株式会社 ユーキャン 学び出版
〒151-0053
東京都渋谷区代々木1-11-1
Tel 03-3378-2226

編　集　株式会社 東京コア

発売元　株式会社 自由国民社
〒171-0033
東京都豊島区高田3-10-11
Tel 03-6233-0781（営業部）

印刷・製本　望月印刷株式会社

ユーキャンの乙種第1・2・3・5・6類危険物取扱者　予想問題集　第2版

予想
模擬試験

解答／解説

※本冊子は取り外して使用していただけます。

■危険物の性質ならびにその火災予防および消火の方法

問題1　解答(2)

(2)**第2類**の危険物は、自分自身が着火または引火しやすい「**可燃性固体**」です。「液体」ではありません。誤った記述です。第1類、第2類は**固体**、第3類と第5類が**物質**（固体＋液体）、そして、第4類と第6類が**液体**です。「ココブエブエ」と覚えましょう。これを覚えておくだけで正解できる問題もありますから、しっかり覚えておきましょう。

問題2　解答(1)

(1)**第1類**の危険物で**水に溶けない**（溶けにくい）**もの**は、塩素酸カリウム（熱水には溶ける）、過塩素酸カリウム、アルカリ土類金属などの過酸化物、二酸化鉛など「**少数**」で、「多い」とは言えません。誤った記述です。

問題3　解答(2)

第1類危険物の消火の方法としては、**無機過酸化物**だけが**注水消火**を避けて、乾燥砂などを使って消火します。**その他はすべて注水消火**をします。

(2)**過酸化マグネシウム**は、**無機過酸化物**ですので、消火には「注水消火」ではなく、「**乾燥砂**」などを使います。誤った記述です。

(3)**アルカリ金属の過酸化物**の初期消火には、炭酸水素塩類を主成分とした**粉末消火剤**や**乾燥砂**などを使います。

(1)、(4)、(5)は、無機過酸化物ではないので、注水消火が適当です。

問題4　解答(5)

(5)**塩素酸カリウム**は、**アンモニアや塩化アンモニウム**と反応して、不安定な**塩素酸塩**を生成し、**自然爆発**することがあります。ですので、安定剤にアンモニアを用いることはあり得ません。誤った記述です。

問題5　解答(2)

正しいものは、A、Bの2つです。

C　**塩素酸ナトリウム**が潮解して木や紙などに染み込み「湿潤」ではなく「**乾燥**」すると、衝撃、摩擦、加熱によって、**爆発**する危険性があります。

D　**硫黄や赤りん**と混合すると、わずかな「水分」ではなく「**刺激**」で爆発する危険性があります。

E　**第1類**危険物のうち、容器を**密栓しなくてよいものはありません**。すべて、容器を密栓して、換気のよい冷暗所に保管します。

問題6　解答 (5)

(5)可燃物との混合や強酸との接触による爆発の危険性は、塩素酸ナトリウムよりやや低いので、正しい記述です。

(1)過塩素酸ナトリウムは、水によく溶け、エタノールにも溶けます。

(2)潮解性があります。

(3)加熱すると「400℃」ではなく「200℃」以上で分解しはじめます。また、第1類危険物が加熱によって発生するのは酸素です。

(4)加熱・衝撃等による爆発の危険性は塩素酸ナトリウムよりやや「高い」のではなく、「低い」です。爆発の危険性が塩素酸塩類より低いのは、過塩素酸塩類に共通の性状です。

問題7　解答 (3)

(3)過酸化マグネシウムは、酸に溶けて過酸化水素を生じます。正しい記述です。

(1)水に反応して、「水素」ではなく「酸素」を発生します。

(2)過酸化マグネシウムは、無色の「液体」ではなく「粉末」です。第1類危険物はすべて固体です。

(4)「アルコール」ではなく、「水」と反応して酸素を発生します。

(5)加熱すると酸素を発生し、「マグネシウム」ではなく「酸化マグネシウム」になります。

問題8　解答 (1)

B、Cが正しく、A、Dが誤りです。

A　過酸化カリウムは、第1類危険物＝酸化性固体なので、他のものを酸化するだけで、それ自体は燃焼しません。

D　保管の際には、「不燃物」ではなく「可燃物」から隔離します。第1類危険物は、可燃物や有機物といった酸化されやすい物質（還元性物質）と混合すると、衝撃等によって爆発する可能性があります。

問題9　解答 (2)

(2)臭素酸カリウムは水には溶けますが、アルコールには溶けにくいです。誤った記述です。

問題10　解答 (1)

誤っているものは、A、Bです。

A　過マンガン酸カリウムは、赤紫色の「粉末」ではなく、赤紫色で光沢のある「結晶」です。

B　水によく溶けます。水溶液は濃紫色です。

■危険物の性質ならびにその火災予防および消火の方法

問題1　解答(2)

(2)第3類の危険物は、ほとんどが**自然発火性**と**禁水性**の**両方**の性質を有しています。正しい記述です。

(1)第2類の危険物は、一般に比重が1より大きいです。

(3)第4類の危険物は、一般に蒸気比重が1より大きく、低所に滞留します。

(4)第5類の危険物は、比重が1より大きく、常温では可燃性の**物質**（固体＋液体）です。

(5)第6類の危険物は、不燃性の無機化合物で、常温では**液体**です。

問題2　解答(2)

(2)第1類の危険物には「引火性の物質」はありません。誤った記述です。

(1)**還元性物質**（燃えやすい物質）と混合すると、爆発の危険性があります。

(3)塩素酸アンモニウムは常温（20℃）で**爆発**する危険性があります。

(4)アルカリ金属の過酸化物である**過酸化カリウム**は、水と反応して**水酸化カリウム**を発生します。

問題3　解答(3)

(3)過酸化バリウム、過酸化マグネシウム、亜塩素酸ナトリウム、臭素酸カリウムは、酸との接触を**避けます**。重視するほうがよい内容です。

(1)水に反応して発熱するアルカリ金属の過酸化物以外にも、**吸湿性**や**潮解性**があるものは湿気を排除する必要があります。

(2)第1類危険物には、容器を**密栓**しないほうがよい**物質**はありません。

(4)、(5)窒素や二酸化炭素との接触を避けなければいけない理由はありません。

問題4　解答(3)

有効なものは、A、B、Cの3つです。

D　炭酸水素塩類を使った粉末消火剤は、**アルカリ金属の過酸化物**の初期消火には適応しますが、それ以外の第1類危険物には適応しません。

E　二酸化炭素消火剤（ハロゲン化物消火剤も）は、窒息と抑制効果によって消火をしますが、熱を受けると酸素を放出する**第1類危険物**には**窒息消火**では**効果がありません**。

A、C　霧状の水の放射も、乾燥砂をかける方法も有効です。ただし、設問の場合は、Bの**大量の棒状の水**で温度を下げる方法が最も有効です。

問題5　解答(4)

正しいものは、B、D、Eです。

A　塩素酸アンモニウムは、無色ですが、「粉末」ではなく「**結晶**」です。誤った記述です。

C　水には溶けますが、エタノールなどの**アルコール**には**溶けにくい**性質があります。誤った記述です。

問題6　解答(3)

(3)過塩素酸塩類は、塩素酸塩類に比べると、「より不安定」ではなく「**より安定**」です。誤った記述です。

問題7　解答(5)

(5)硫黄は**可燃物**なので、可燃物を隔離しなければいけない第1類危険物の安定剤にはなりません。誤った記述です。

(1)**アルカリ金属の過酸化物**は、水と反応して熱と酸素を発生するので、**水分の浸入を防ぐ**ため、容器を**密栓**します。

(2)、(4)麻袋や紙袋も**可燃物**なので、貯蔵には使えません。

問題8　解答(3)

(3)**水**と反応すると、(4)の**熱**を加えた場合と同様に、「水素」ではなく、「**酸素**」を生じます。誤った記述です。

(5)**水**と反応すると、**熱**と**酸素**と**水酸化ナトリウム**を生じます。

問題9　解答(1)

A　亜酸化窒素　　B　窒素　　C　酸素

「硝酸アンモニウムは、約210℃で分解して、水と有毒な**亜酸化窒素**を生じ、さらに加熱すると爆発的に分解し、**窒素**と**酸素**を発生する。」となります。

問題10　解答(4)

(4)重クロム酸アンモニウムは、熱すると「酸素」ではなく、「**窒素**」を発生します。誤った記述です。

(1)**過マンガン酸塩類**と**重クロム酸塩類**は、一般的な第1類危険物と異なって、赤色系や橙色系の結晶や粉末です。

(5)**185℃以上**に加熱した場合は、**分解**して**窒素**を発生します。

■危険物の性質ならびにその火災予防および消火の方法

問題1　解答(1)

(1)第2類の危険物は、「酸化しやすい物質」ではなく、「**酸化されやすい物質**」、つまり、還元性物質、還元剤です。ですから、自分自身が燃えます（**可燃性**）。誤った記述です。

問題2　解答(5)

(5)過酸化ナトリウムは、加熱すると、「約200℃」ではなく、「**約660℃**」で分解します。誤った記述です。

問題3　解答(3)

(3)「**有機過酸化物**」は、第1類ではなく、**第5類**の危険物の品名です。ちなみに、第1類の危険物の品名のうち、「無機過酸化物」と「政令で定めるもの」以外は、すべて「○○塩類」という名称になっています。

問題4　解答(2)

A、Bが正しく、C、Dが誤りです。

C　塩素酸ナトリウムを含む塩素酸塩類は、「衝撃・摩擦・熱」を加えること、有機物や木炭、硫黄、赤りん、マグネシウム粉といった酸化されやすい物質（還元性物質）と混合したり、強酸と接触したりすると、**爆発の危険性**が高まります。

D　塩素酸ナトリウムには、**潮解性**があります。潮解して木や紙などに染み込み、乾燥すると、**衝撃・摩擦・加熱によって爆発する危険性**があります。そのため、容器の密栓・密封には特に注意を要します。

問題5　解答(4)

(4)加熱・衝撃等による爆発の危険性と同様に、可燃物との混合や強酸との接触による爆発の危険性も、過塩素酸カリウムのほうが塩素酸カリウムよりやや低くなります。**爆発の危険性については、塩素酸塩類＞過塩素酸塩類**です。誤った記述です。

(1)過塩素酸カリウムを含む過塩素酸塩類は、**強酸化剤**です。

(5)過塩素酸カリウムは水に溶けにくいので、**潮解性**は**ない**です。ただし、水に溶けるもののすべてに潮解性があるわけではありません。

問題6　解答 ⑴

⑴過塩素酸アンモニウムは「水やエタノールに溶ける」ので、「溶けない」は誤った記述です。

⑵過塩素酸アンモニウムは水に溶けますが、「潮解性はない」ので、正しい記述です。

問題7　解答 ⑴

⑴無機過酸化物は、いずれも有色か無色の**粉末**なので、「**無色の結晶のものはない**」は正しい記述です。

⑵無機過酸化物のうち、「**水と反応して酸素を発生する**」のは、**過酸化カリウム**、**過酸化ナトリウム**、**過酸化マグネシウム**だけなので、「いずれも」ではありません。

⑶**無機過酸化物**は、「いずれも**加熱**すれば**酸素**を発生する」ので、「加熱しても酸素を発生しないものもある」は誤りです。

⑷**過酸化バリウム**は**有毒**なので、「有毒のものはない」は誤りです。

⑸アルカリ金属の過酸化物以外の**過酸化カルシウム**、**過酸化バリウム**、過酸化マグネシウムが水と反応する危険性は、アルカリ金属の過酸化物と比べると低くなりますが、やはり**注水消火は避けて、乾燥砂**などを使用しますので、誤りです。

問題8　解答 ⑵

アルカリ金属の過酸化物（水による消火活動は不適）を除いて、**第1類危険物に対応する消火剤**は、Aの**水**、Cの**泡消火剤**、それにDの**強化液消火剤**です。

いずれも水系の消火剤です。Bのハロゲン化物消火剤と、Eの二酸化炭素消火剤の2つは、第1類危険物には対応しません。

問題9　解答 ⑶

よう素酸塩類（よう素酸カリウム、よう素酸ナトリウム）の分解によって発生するのは、「よう素」ではなくて「**酸素**」です。誤った記述です。

問題10　解答 ⑶

⑶「毒性が強い」は正しい記述ですが、「金属製容器を用いる場合は、**鉛**などで**内張りをする**」必要があるのは**三酸化クロム**の場合です。二酸化鉛には必要ありません。

■危険物の性質ならびにその火災予防および消火の方法

問題1　解答(2)

特に重視する必要のないものは、A、Bの2つです。

A　「貯蔵容器に**保護液（水）を封入する**」必要があるのは、空気に触れると発火したり燃焼したりする、**第3類**危険物の黄りんを貯蔵する場合だけです。

B　「貯蔵容器に**不活性ガスを封入する**」必要があるのは、空気に触れると自然発火する、**第3類**危険物の**アルキルアルミニウム**などを貯蔵する場合です。

第1類危険物は、空気と触れただけでは**分解しない**ので、保護液や不活性ガスは不要です。

D　「木製や布製のもの」は可燃物なので、接触を避けるようにします。

問題2　解答(2)

(2)窒素は、化学的に安定で、**物を燃やすはたらきをもっていない**ので、過塩素酸カリウムに限らず、どの危険物に対しても避ける必要のないものです。誤った組合わせです。

(1)赤りんは**還元性物質**（酸化されやすい物質）なので、塩素酸塩類や過塩素酸塩類は特に避ける必要があります。

(3)過マンガン酸カリウムに硫酸を加えると**爆発**する危険性があります。

(4)重クロム酸カリウムは強力な酸化剤なので、還元剤と混合すると激しく反応します。

(5)三酸化クロムは、**アルコール、ジエチルエーテル、アセトン**などと接触すると、**爆発的に発火**することがあります。

問題3　解答(2)

誤っているものは、A、Dです。

A　第1類危険物の中で、**注水を避ける**必要があるのは、**無機過酸化物**だけです。

D　アルカリ土類金属などの過酸化物も無機過酸化物ですから、注水消火を避けます。

E　注水消火により、**分解温度以下に冷却**するのは、無機過酸化物以外の第1類危険物に共通です。

問題4　解答(5)

B、Cが正しく、A、Dが誤りです。

A　塩素酸カリウムを含む塩素酸塩類は、**不安定**な物質です。

D　塩素酸カリウムを含む塩素酸塩類は、単独でも、衝撃、摩擦、加熱によって**爆発**する危険性があります。

B　マグネシウム粉も酸化されやすい物質（還元性物質）なので、塩素酸カリウムを含む塩素酸塩類との接触を避けます。

問題5　解答(4)

正しいものは、B、C、D、Eの4つです。

A　塩素酸ナトリウムには潮解性があるので、容器の**密栓・密封には特に注意**が必要です。

問題6　解答(4)

(4)**過塩素酸カリウム**には、**潮解性はないため**、容器の密栓は通常通りで大丈夫です。**過塩素酸塩類で潮解性があるのは、過塩素酸ナトリウムだけ**です。

問題7　解答(2)

(2)**アルカリ金属の過酸化物**は、水と反応して**酸素と熱**を発生します。正しい記述です。また、**大量の水**と反応すると**爆発**する危険性があります。

(1)**過酸化カリウム**は「オレンジ色の粉末」ですが、**過酸化ナトリウム**は**黄白色の粉末**（純粋なものは白色粉末）です。

(3)**過酸化カリウム**は「吸湿性が強く潮解性」がありますが、**過酸化ナトリウム**は吸湿性は強いですが**潮解性はありません**。

(4)**過酸化カリウム**は「水と反応すると、**水酸化カリウム**を発生」しますが、**過酸化ナトリウム**は**水酸化ナトリウム**を発生します。

(5)「加熱に注意する必要はない」は誤りです。**すべての危険物**は**加熱、衝撃、摩擦**を避ける必要があります。

問題8　解答(3)

(3)**臭素酸カリウム**は、衝撃によって**爆発**する危険性があります。誤った記述です。

(5)は**すべての第1類危険物**に当てはまります。

問題9　解答(5)

(5)**硝酸アンモニウム**は、単独でも**急激な加熱、衝撃により分解、爆発**することがあります。誤った記述です。

問題10　解答(5)

(5)**次亜塩素酸カルシウム**は、「アルコール」ではなく「**アンモニア**」との混合物が特に爆発の危険性があります。誤った記述です。

次亜塩素酸カルシウムは、**水道水の殺菌**用のさらし粉（カルキ）の高品質なものや**プールの消毒剤**などにも用いられます。

■危険物の性質ならびにその火災予防および消火の方法

問題1　解答(5)

(5)**第1類**と**第6類**の危険物は**不燃性**なので、「危険物は燃焼する」とは言えません。誤った
　記述です。

(1)「**液体、気体**または固体」となっていたら**誤り**です。危険物には気体は含みません。

(2)鉄板は危険物ではありませんが、**鉄粉**は**危険物**（第2類）です。アルミニウム粉や亜鉛粉
　も同様です。

(4)「液体の危険物は比重が1より小さい。固体の危険物は比重が1より大きい」と断定して
　いたら誤りです。それぞれ1より小さいものや1より大きいものが**多い**のであって、例外
　もあります。

問題2　解答(5)

(5)正しい記述です。

(1)**第2類**危険物は、「引火性固体」ではなく「**可燃性**固体」です。「引火性固体」は第2類危
　険物の品名の1つにすぎません。

(2)**第3類**危険物は「自然発火性物質および禁水性固体」ではなく「自然発火性物質および**禁
　水性物質**」です。

(3)**第4類**危険物は「引火性物質」ではなく「引火性**液体**」です。

(4)**第5類**危険物は「不燃性」ではなく「**可燃性**」です。**不燃性**は第1類と第6類だけです。

問題3　解答(5)

A～Eの5つの選択肢はすべて正しい内容です。

問題4　解答(3)

(1)、(5)泡消火剤や粉末消火剤も効果がありますが、**第1類危険物**（無機過酸化物およびこれ
　を含有するものを除く）の火災に最も効果的なのは**大量の水**による消火によって、**分解温
　度以下**まで冷却して、**酸素を放出させない**ことです。したがって(3)が最も有効です。

(2)、(4)二酸化炭素消火剤とハロゲン化物消火剤は窒息と抑制効果によって消火をしますが、
　第1類危険物は火災の熱によって酸素を放出するので、**窒息消火では効果がありません**。

問題5　解答(2)

(2)**塩素酸カリウム**がアンモニアや塩化アンモニウムに反応すると**自然爆発**することがあるの
　で、安定剤として加えることはできません。誤った記述です。

問題6　解答(1)
(1)過塩素酸ナトリウムは水によく溶けます。誤った記述です。

問題7　解答(2)
(2)硝酸塩類はいずれも**水によく溶けます**。正しい記述です。また、硝酸アンモニウムは、メタノール、エタノールにも溶けます。
(1)硝酸アンモニウムは消毒薬には使われません。
(3)硝酸カリウムは「農薬」ではなく「**黒色火薬**」に使われます。
(4)**硝酸ナトリウム**と**硝酸アンモニウム**は「黒色火薬」ではなく「**火薬の原料**」に使われます。
また、硝酸ナトリウムと硝酸アンモニウムは**肥料**としても使われます。
(5)**硝酸ナトリウム**は硝酸カリウムより**反応性が弱い**です。

問題8　解答(4)
(4)重クロム酸アンモニウムは185℃以上に加熱すると、分解して**窒素**を発生します。熱すると酸素を発生するというのは、誤った記述です。

問題9　解答(5)
(5)金属製容器を用いる場合は、「鉄」ではなく「**鉛**」などで**内張り**をします。

問題10　解答(1)
A、Bが正しく、C、Dが誤りです。
C　**過マンガン酸カリウム**は「アルコール」ではなく「**硫酸**」を加えると爆発することがあります。
D　赤紫色の「粉末」ではなく光沢のある「**結晶**」です。「赤紫色の粉末」は過マンガン酸ナトリウムです。

■危険物の性質ならびにその火災予防および消火の方法

問題1　解答 (5)

(5)危険物には、**第1類**と**第6類**の危険物のように、**不燃性**（燃焼しない）のものもあります。正しい記述です。

(1)**第2類**の危険物では、**引火性固体**だけに引火点があります。その他のものには引火点はありません。誤った記述です。ちなみに、第4類危険物にはすべて引火点があります。

(2)**引火性固体**の燃焼も**蒸発燃焼**です。誤った記述です。

(3)たとえば第2類の危険物の赤りん、硫黄は注水消火が適していますが、硫化りん、鉄粉、金属粉、マグネシウムには**注水は厳禁**です。誤った記述です。

(4)たとえば第2類の危険物では、引火性固体を除いて、分子内に、炭素、酸素、水素のいずれも含んでいません。誤った記述です。

問題2　解答 (3)

(3)赤りんと硫黄粉、鉄粉、金属粉（アルミニウム粉、亜鉛粉）、マグネシウムには**粉じん爆発**の危険性があります。誤った記述です。

(4)塊状の硫黄は麻袋やわら袋で保存できます。正しい記述です。

(1)金属粉、マグネシウムは、**空気中の水分**に反応して**自然発火**します。正しい記述です。

問題3　解答 (2)

(2)**引火性固体**とは、1気圧において引火点が40℃未満のものをいいますが、**ゴムのりとラッカーパテ**の引火点は10℃以下であり、**固形アルコールは常温でも引火**する危険性があります。ですので、引火性固体を、20℃（常温）のときに、**火源**に近づけたら、**引火**の可能性があります。誤った記述です。なお、発火には火源は不要ですが、**引火**には**火源**が必要です。

問題4　解答 (1)

(1)硫化りんの火災には、**注水消火**は**厳禁**です。乾燥砂などによる窒息消火が適切です。鉄粉、金属粉、マグネシウムの火災も同様です。

(4)赤りんと硫黄の火災には、**注水**による**冷却消火**をします。正しい記述です。

(5)固形アルコールの火災には、**泡、二酸化炭素**（ガス）、**ハロゲン化物**（ガス）、**粉末消火剤**による**窒息消火**をします。正しい記述です。

問題5　解答 (2)

正しいものは、B、Dの2つです。

A　**三硫化りん**は、「赤色」ではなく「**黄色**」の結晶です。誤った記述です。

C　100℃以上で、「引火」（火源が近くにあれば燃え出す）ではなく「発火」（**火源なしでも自分で燃え出す**）の危険性があります。誤った記述です。

E　「アルコール」ではなく、「**熱湯**」と反応して**可燃性**で**有毒**な**硫化水素**を発生します。誤った記述です。

問題6　解答 (5)

(5)**赤りん**の発火点は260℃で、**酸化剤**と混合した場合、**摩擦熱**でも**発火**する危険性があります。ですから、酸化剤（塩素酸塩類など）との混合を避ける必要があります。誤った記述です。

問題7　解答 (5)

(5)正しい記述です。

(1)**鉄粉**は**加熱**によって**発火**することがあります。また、**火気との接触**によっても**発火**する危険があります。

(2)危険物である**鉄粉**とは、目開き（網の目の大きさ）が53μmの網ふるいを、「70％以上」ではなく、「**50％以上**」通過する鉄の粉をいいます。

(3)「黒色」ではなく、「**灰白色**」の金属結晶です。

(4)**酸**に溶けて発生するのは「酸素」ではなく「**水素**」です。

問題8　解答 (1)

(1)金属を**粉末状**にすると、**熱伝導率**は「大きくなる」のではなく「**小さくなる**」（熱が移動しにくくなり拡散できない）ため、非常に**燃焼しやすく**なります。誤った記述です。

(2)**両性元素**とは、(3)のように、**酸**にも**アルカリ**にも反応する元素のことです。

(5)**亜鉛粉**は空気中の水分に反応し、**アルミニウム粉**は水と徐々に反応して、それぞれ**水素**を発生します。

問題9　解答 (4)

誤っているものは、C、Dです。

C　**アルミニウム粉**は、空気中の「酸素」ではなく、「**水分**」に反応して、自然発火することがあります。

D　**アルミニウム粉**は、酸にもアルカリにも反応する**両性元素**なので、**塩酸**にも**反応**します。

問題10　解答 (2)

C、Dが正しく、A、Bが誤りです。

A　**マグネシウム**は、銀白色の「粉末」ではなく、「**金属結晶**」です。

B　**マグネシウム**は両性元素ではないので、**酸**とは**反応**しますが、アルカリとは反応しません。

■危険物の性質ならびにその火災予防および消火の方法

問題1　解答(5)

(5)第4類と第6類の危険物は、「固体か液体」ではなく、どちらも「**液体**」だけです。誤った記述です。なお、**第3類と第5類**の危険物が「○○**物質（固体か液体）**」という呼び名になります。

問題2　解答(3)

(3)**鉄粉とマグネシウムは金属結晶**なので、正しい記述です。

(1)固形アルコール、ゴムのり、ラッカーパテなどの**引火性固体**は引火性を有します。

(2)固形アルコール、ゴムのり、ラッカーパテは**ゲル状**です。

(4)**金属（アルミニウム粉・亜鉛粉）は両性元素**です。

(5)第2類の危険物が**分解**によって発生するものは以下の通りです。酸素はありません。

物品名		反応するもの	発生するもの
硫化りん	三硫化りん	熱水	硫化水素
	五硫化りん	水	
	七硫化りん	水	
亜鉛粉		空気中の水分、酸、アルカリ	水素
アルミニウム粉		水と徐々に、酸、アルカリ	
マグネシウム		熱水（水とは徐々に）、希薄な酸	
鉄粉		酸	

問題3　解答(2)

(2)空気中の粉じんの濃度は、燃焼範囲の「上限値未満」ではなく「**下限値未満**」にする必要があります。誤った記述です。ついうっかり間違えそうです。気をつけましょう。

(1)無用な粉じんのたい積を防止することで、粉じんが**熱をもつこと**を防止します。

(3)接地＝アースのことです。静電気の蓄積を防止し、**放電火花**が飛ぶことを防止します。

(4)**防爆構造＝火災や爆発**を防止する構造のことです。

(5)**不燃性ガス＝窒素、二酸化炭素**であることを覚えておきましょう。

問題4　解答(1)

正しいものはAだけなので、答えは1つです。

　A　**金属粉は水**と反応して**水素**を発生しますが、水素は直ちに**発火**あるいは**爆発**する危険性

があるため、金属粉に**注水消火**は**厳禁**です。
C　金属粉が水と反応して有毒ガスを発生することはありません。

問題5　解答(3)

(3)**硫化りん**が**水**と反応した場合に発生するのは、「水素」ではなく、「**硫化水素**」です。誤った記述です。硫化水素は**有毒**なので、**注水消火**は**厳禁**です。水と反応して「**水素**」を発生するのは、問題2で学習した**金属粉**と**マグネシウム**です。

問題6　解答(4)

A　無臭　　B　なく　　C　溶けない
「赤りんは、赤褐色、**無臭**の固体。比重は2.1～2.3。毒性は**なく**、水にも二硫化炭素にも**溶けない**。」となります。

問題7　解答(3)

(3)**硫黄粉**は、空気中に飛散すると**粉じん爆発**を起こす危険性があるので、飛散しないようにすることは必要ですが、「部屋の隅などにまとめておく」という方法では、**たい積**によって**熱が溜まる**危険性があるので、不適切です。少量ずつ収納保管するか処分することが必要です。

問題8　解答(5)

(5)**アルミニウム粉**の比重は「1以下」ではなく、「**2.7**」です。誤った記述です。アルミニウムは軽金属で軽いのですが、さすがに比重が1以下ではありません。気をつけましょう。
(3)、(4)は、酸とアルカリに反応する**両性元素**の反応です。

問題9　解答(3)

誤っているものは、B、D、Eです。
B　**亜鉛粉**と**アルミニウム粉**は、**両性元素**です。
D　空気中の**水分**と反応して、**自然発火**することがあります。
E　両性元素なので、**酸**とも**アルカリ**とも反応しますが、発生するのは「酸素」ではなく「**水素**」です。
A　**亜鉛粉**は、**2個の価電子**をもち、**2価の陽イオン**になりやすいです。正しい記述です。このまま覚えておきましょう。

問題10　解答(4)

(4)引火性固体は、空気中で徐々に酸化することはありません。誤った記述です。

■危険物の性質ならびにその火災予防および消火の方法

問題1　解答(5)

(5)第2類危険物の**硫化りん**は、水（熱水）と反応して**硫化水素**を発生しますから、誤った記述です。

(1)**保護液**として水を使用するのは、**黄りん**です。

(2)**炭素、水素、酸素のすべてを含まないもの**は、たとえば**第2類**の危険物では、**引火性固体以外**のものはすべてです。

(3)**水素、プロパン、高圧ガス**は気体なので、危険物には含まれません。

(4)**第1類**と**第6類**が**不燃性**で、第2類から第5類は可燃性ですが、**第3類の一部に不燃性**のものがあります。

問題2　解答(5)

両性元素の組合わせは、**亜鉛粉**（Zn）と**アルミニウム粉**（Al）の組合わせだけです。

問題3　解答(1)

(1)**七硫化りんは物品名**で、品名には該当しません。三硫化りん、五硫化りん、七硫化りんの**品名は硫化りん**です。同様に、品名が金属粉の物品としてアルミニウム粉と亜鉛粉、品名が**引火性固体**の物品として固形アルコール、ゴムのり、ラッカーパテがあります。

問題4　解答(5)

(5)正しい記述です。

(1)発火の危険があるため、**酸化剤や金属粉との混合**は**避けます**。

(2)、(3)**火気・摩擦・衝撃・水分は避けます**。特に**摩擦**によって**発火**する危険性があります。

(4)空気中の水分に影響されないように、「通気のよい容器に収納」ではなく「**容器に収納して密栓**」します。

問題5　解答(4)

適当でないものは**C、E**です。

C　**硫化りん、鉄粉、金属粉、マグネシウム**の火災には、**乾燥砂**などによる**窒息消火**が適しています。**マグネシウム**は、熱水に反応して**水素**を発生しますから、**水を使う消火方法は厳禁**です。

E　**赤りんと硫黄**の火災に**炭酸水素塩類**の粉末消火剤を使うのは**適当ではありません**。

問題6　解答(3)

(3)**硫黄粉**は、**粉じん爆発**の危険性があります。誤った記述です。

問題7　解答(4)

(4)**鉄粉の火災**の際は、**乾燥砂や膨張真珠岩**などで窒息消火するのが適当なので、正しい記述です。

(1)鉄粉でも一片の大きさが**大きいもの**（網の目の大きさが53μmの網ふるいを50％未満しか通過しないもの）は、危険物には**該当しません**。

(2)**水分を含む**と酸化蓄熱し、**発熱、発火**することがあります。

(3)**酸化剤**と混合したものは、加熱、打撃などに対して、「鈍感」ではなく「**敏感**」になります。これは、第2類の危険物すべてに該当します。

(5)加熱した鉄粉に**注水**すると、「粉じん爆発」ではなく、「**水蒸気爆発**」の危険性があります。

問題8　解答(2)

誤っているものは、B、Dの2つです。

B　アルミニウム粉と同様に、**亜鉛粉もハロゲン元素**と接触すると、**自然発火**することがあります。

D　全体にアルミニウム粉よりも**危険性**が「高い」のではなく「**低い**」です。

問題9　解答(2)

(2)**製造直後のマグネシウム**は、まだ酸化被膜が**形成されていない**ため「発火しにくい」のではなく、「**発火（酸化）しやすい**」状態にあります。誤った記述です。すでに酸化被膜ができていれば、それ以上の酸化（発火・燃焼）は起こりにくくなります。

問題10　解答(3)

A、Cが正しく、B、Dが誤りです。

B　**固形アルコール**は、メタノールまたはエタノールなどのアルコールを「圧縮固化したもの」ではなく、「**凝固剤で固めたもの**」です。

D　**常温で引火**する危険性があります。

■危険物の性質ならびにその火災予防および消火の方法

問題1　解答(1)

(1)**第1類**……**不燃性**……**塩素酸カリウム**、**過酸化カリウム**は、正しい組合わせです。

(2)**第2類**は可燃性ですが、黄りんは**第3類**の危険物です。

(3)**第4類**も可燃性ですが、ナトリウムは**第3類**の危険物です。

(4)**第5類**は可燃性です。物品名は合っています。

(5)**第6類**は不燃性です。物品名は合っています。

第1類と**第6類**だけが**不燃性**です。

問題2　解答(2)

亜硫酸ガスを発生するものは、A、Eの2つです。

第2類の危険物のうち、**燃焼した際に有毒な亜硫酸ガス**（二酸化硫黄）を発生するのは、Aの**硫化りん**（三硫化りん、五硫化りん、七硫化りん）とEの**硫黄**です。どちらも品名に「**硫**」の字が入っています。

Cの**赤りん**が燃焼時に発生するのは**十酸化四りん**で、やはり有毒です。

問題3　解答(4)

(4)正しい記述です。**第1類**の危険物は、分子内に含んだ酸素で他の物質を酸化する**酸化性固体**（ただし自分自身は燃えない＝不燃性）なので、**可燃性**で、比較的低温でも着火・引火しやすい**第2類**の危険物との**接触は特に避ける**必要があります。

(1)「貯蔵容器は必ず不燃材料で作ったものを用いる」ということはありません。

(2)第2類の危険物の金属粉やマグネシウムは水（熱水）と反応して**水素**を発生しますが、水素は直ちに**発火**あるいは**爆発**する危険性があります。また**硫化りん**は水や熱湯と反応して、**可燃性**で**有毒**な**硫化水素**を発生しますから、「水中に貯蔵するか、または水で湿らせた状態にしておく」ということはありません。

(3)「高温の物質に接触」することも避けます。

(5)「密閉しておくと高圧になる」ことはありませんから、容器に通気孔を設ける必要もありません。

問題4　解答(3)

(3)**第2類**の危険物の中では、**赤りんと硫黄**の2つだけが**注水消火**に適しています。

(1)アルミニウム粉、(2)硫化りん、(4)亜鉛粉、(5)鉄粉は、いずれも**注水厳禁**です。

問題5　解答 (4)

(4)五硫化りんを含めた**硫化りん**は、水（三硫化りんは熱水）と反応して、「水素」ではなく、可燃性で有毒な「**硫化水素**」を発生します。誤った記述です。ちなみに、**第2類**の危険物で、**水**や**熱水**と反応して水素以外の気体を発生するのは、**硫化りん**だけです。

問題6　解答 (5)

誤っているものは、D、Eです。

D　赤りんの発火点は、「100℃」ではなく「260℃」です。

E　赤りんは、硫黄粉と同様、**粉じん爆発**の危険性があります。

問題7　解答 (1)

(2)鉄粉は酸に溶けて**水素**を発生しますが、(1)鉄粉が**水**に反応して**水素**を発生することは**ありません**。誤った記述です。鉄粉が水分を含むと**酸化蓄熱**し、**発熱**、**発火**することがあります。また、**加熱した鉄粉に注水**すると、**水蒸気爆発**の危険があります。

(4)**アルミニウム粉は水**と徐々に反応して、**亜鉛粉は空気中の水分**に反応して、それぞれ**水素**を発生します。

問題8　解答 (2)

A　銀白色　　B　両性元素　　　C　自然発火

「アルミニウム粉は**銀白色**の粉末であり、酸、アルカリに溶ける**両性元素**である。また、湿気や水分により**自然発火**することがあるので貯蔵・取扱いには注意すること。」となります。

問題9　解答 (3)

(3)**マグネシウム**は、**高温**では**窒素**と反応します。誤った記述です。

(1)**マグネシウム**は、両性元素ではないので、**アルカリ水溶液**には**反応しません**。

(5)**ハロゲン元素**は強い**酸化剤**で、第2類の危険物と**反応**します。混在は危険です。

問題10　解答 (4)

(4)**引火性固体**から発生する**可燃性蒸気**は、「熱分解」によって生じるものではなく、熱せられた危険物から「**揮発**」するものです。また、危険物が燃えるときも、危険物そのものが燃えるのではなく、揮発した**可燃性蒸気**が混合気体となって**燃えます**。誤った記述です。

■危険物の性質ならびにその火災予防および消火の方法

問題1　解答(2)

誤っているものはDだけです。

D　第2類の危険物は「水溶性」ではなく、「水に溶けない」ものが多いです。

A　引火性固体以外は無機物か無機化合物です。

B　燃焼すると、**硫化りんと硫黄は亜硫酸ガス**を、**赤りんは十酸化四りん**を発生します。いずれも**有毒**です。

C　**鉄粉、金属粉、マグネシウム**は、水と反応して**発熱、発火**することがあります。

E　第2類の危険物は**可燃性固体**なので、一般に**燃えやすい**物質です。

問題2　解答(5)

(5)正しい記述です。

(1)第2類の危険物は、「還元剤」ではなく「**酸化剤**」と**接触させない**ようにすることが大切です。第2類の危険物が「還元剤」です。

(2)換気をする前に**引火性固体**から**蒸気を発生させない**ように管理することが必要です。

(3)空気中の**粉じん濃度**を燃焼範囲の「下限値以上」ではなく、「**下限値未満**」にする必要があります。

(4)**粉じん**を扱う施設には**換気設備**を設けます。

問題3　解答(3)

窒息消火が適切なものは、A、D、Eです。

Aの**三硫化りん**、Dの**鉄粉**、Eの**マグネシウム**は、水をかけずに**乾燥砂**などで窒息消火をします。

問題4　解答(1)

(1)水と作用して有毒ガスを発生するのは、五硫化りんと七硫化りんです。**三硫化りん**は、「水」ではなく「**熱水**」と反応して、可燃性で有毒な**硫化水素**を発生します。誤った記述です。

(3)**比重・融点・沸点**とも、三硫化りん、五硫化りん、七硫化りんの順に高くなっていきます。正しい記述です。

問題5　解答(2)

(2)**七硫化りん**は、**二硫化炭素**には「よく溶ける」ではなく、「**わずかに溶ける**」です。誤った記述です。

(5)金属粉は、空気中の水分に反応して**自然発火**することがあるため、七硫化りんとの**混在**は避けます。正しい記述です。鉄粉、マグネシウムも同じです。

問題6　解答(4)

(4)鉄粉は、**アルカリ**には**溶けない**ので、避けるべきものとして、特に重要ではありません。

(5)ハロゲン元素は強い**酸化物**なので、避ける必要があります。

問題7　解答(1)

B、Cが正しく、A、Dが誤りです。

A　硫黄は、水には溶けませんが、**二硫化炭素**には溶けます。

D　粉末状の硫黄は、**内袋付きの麻袋**に保存できます。

問題8　解答(3)

(3)金属粉の粒度が「大きいほど」ではなく「小さいほど」空気との**接触面積**が**大きく**なります。また、粉の粒が小さいほど熱が内部で動きにくくなるので、**熱伝導率が悪く**なります。この2つの理由で、粉の粒が小さいほど燃焼しやすくなります。誤った記述です。これらの理由で、粒の大きい金属粉は危険物に該当しません。

(1)、(4)金属粉（アルミニウム粉、亜鉛粉）は**両性元素**なので、酸にもアルカリにも反応します。正しい記述です。

問題9　解答(2)

(2)亜鉛粉は、**空気中の水分**と反応して、**水素**を発生することがあるので、空気中の水分も避ける必要があります。誤った記述です。

(5)亜鉛粉とアルミニウム粉は、**両性元素**なので、(4)の酸と同様に**アルカリ**も避ける必要があります。正しい記述です。

問題10　解答(3)

正しいものは、C、Eの2つです。

A　固形アルコールは、密閉しないと原料の**アルコール**が**蒸発**するので、容器に密封して貯蔵します。

B　40℃未満でも可燃性蒸気を発生するため、常温でも「発火」ではなく「**引火**」（火源が必要）に注意します。

D　原料のメタノールやエタノールは、**引火点が低く**（11〜13℃）、**水より軽い**ため、水による消火では、危険なアルコールが水に乗って広がってしまうため、**水による消火**はできません。

■危険物の性質ならびにその火災予防および消火の方法

問題1　解答(4)

(4)**第5類の危険物**は、**自己反応性物質**なので、「不燃性」ではなく「**可燃性**」です（**不燃性**は第1類・第6類と第3類の一部だけ）。誤った記述です。第5類の大部分のものが**酸素を分子中に含有**していますから、外部から酸素の供給がなくても**自己燃焼**するものが多いです。

問題2　解答(5)

誤っているものは、C、Dです。

C　**第3類**の危険物には、比重が1を超えるものが「**多い**」です。

D　**第3類**の危険物では、**黄りんが猛毒**で、**水素化ナトリウムとトリクロロシランが有毒**です。

問題3　解答(3)

(3)は適切です。

(1)窒素などの「**不活性ガス**」の中で貯蔵するのは、**アルキルアルミニウム、ノルマルブチルリチウム、ジエチル亜鉛、水素化ナトリウム、水素化リチウム、炭化カルシウム、炭化アルミニウム**です。炭化カルシウム、炭化アルミニウムは必要に応じて不活性ガスの中に貯蔵します。また、不活性ガスには、**ヘリウム、ネオン、アルゴン**なども用いられます。

(2)「**水**」の中での貯蔵が適切なのは、禁水性でない**黄りん**だけなので、その点で、(1)、(2)は不適切です。保護液に貯蔵するのは、カリウム、ナトリウム（灯油等）、黄りん（水）の3つだけです。

(4)、(5)「**エタノール**」や「**二硫化炭素**」は保護液として**適切ではありません**。カリウム、ナトリウムは、「**灯油**」などの中に小分けして貯蔵します。灯油以外にも、**軽油、流動パラフィン、ヘキサン**なども保護液になります。

問題4　解答(1)

第3類の危険物の中で、**禁水性でない（自然発火性のみ）**ものは、(1)の**黄りん**だけです。

(2)**リチウム**は、黄りんとは逆に**禁水性のみ**です。

(3)、(4)、(5)**黄りんとリチウム以外**の第3類の危険物は、**禁水性＋自然発火性**の性質をもっています。

問題5　解答 (2)

(2)**紫色**の炎を出して燃焼するのは、ナトリウムではなく**カリウム**です。**ナトリウム**は、**黄色**の炎を出します。誤った記述です。

このように、アルカリ金属（カリウム、ナトリウム、リチウムなど）やアルカリ土類金属（カルシウム、バリウムなど）などが燃えるとき、炎がその金属元素特有の色を示す反応のことを、**炎色反応**といいます。**リチウムは深赤色、カルシウムは橙色、バリウムは黄緑色**です。また、(2)以外の選択肢の内容は、すべてカリウムとナトリウムに共通です。

問題6　解答 (1)

(1)**アルキルアルミニウム**は、**空気**に触れるとすぐに**発火**します。また(2)のように**水**との接触も**大変危険**であるため、窒素などの**不活性ガス**の中で貯蔵し、**空気や水とは絶対に接触させない**ようにする必要があります。**アルキルリチウム**（＝ノルマルブチルリチウム）も同じです。

問題7　解答 (2)

正しいものは、A、Dの2つです。

B　黄りんは、「水に反応して」ではなく「**燃焼する際に**」有毒な**十酸化四りん**（五酸化二りん）を生じます。

C　「アルカリ」ではなく「**酸化剤**」と激しく反応して発火します。

E　「酸」ではなく「**アルカリ**」（水酸化ナトリウムなど）と接触すると、有毒なりん化水素を発生します。また、**黄りんは、水に無反応**です。

問題8　解答 (5)

(5)**バリウム**は、「加熱すると」ではなく、「**水と反応して**」水素を発生します。水素は直ちに**発火**あるいは**爆発**する危険性があります。また同時に**熱**も発生するのでさらに**危険**です。

問題9　解答 (3)

(3)**水素化ナトリウム**は、高温でナトリウムと「酸素」ではなく「**水素**」に分解します。NaHがNaとHに分かれます。酸素 (O) はありません。**水**と激しく反応しますが、その際も**水素**を発生します。第**3**類危険物で水と反応して酸素を発生するものは**ありません**。

問題10　解答 (4)

(4)**炭化カルシウム**の保管の際には、必要に応じて、「二硫化炭素」ではなく、「**窒素**」などの不活性ガスを封入します。**二硫化炭素やアルコールは不活性ガスではありません**。

■危険物の性質ならびにその火災予防および消火の方法

問題1　解答(1)

(1)**危険物**は、1気圧において、常温で、**液体または固体**であって、気体は含まれません。

(5)炭素、水素、酸素のすべてを含まないものは、第3類の危険物でも、カリウム（K）、ナトリウム（Na）、リチウム（Li）など、金属類を中心にいくつもあります。

問題2　解答(5)

A～Eは5つとも正しい組合わせです。

(1)**第3類**の危険物のうち、水と反応して**水素**を発生させるものは、**カリウム**以外にも、**ナトリウム、リチウム、カルシウム、バリウム、水素化ナトリウム、水素化リチウム**があります。選択肢の他に、**トリクロロシラン**は水に溶けて**塩化水素**を発生します。この機会に、これらの組合わせをしっかり覚えておきましょう。

問題3　解答(4)

(4)危険物を保護液の中に入れて貯蔵する際は、**危険物が保護液から露出しない**ようにし、保護液の減少などにも注意する必要があります。「上端が灯油から少し露出する」状態は誤りです。

(5)灯油以外にも、**軽油、流動パラフィン、ヘキサン**なども保護液になります。カリウムやナトリウムをヘキサンの中に貯蔵するのは適切です。

問題4　解答(5)

第3類の危険物の火災に対応する消火剤は、次のようになります。

危険物	適応する消火剤
黄りん	水系の消火剤（泡、棒状の水、強化液）
黄りん以外	粉末消火剤（炭酸水素塩類）、乾燥砂、膨張ひる石、膨張真珠岩

また、(1)の二酸化炭素消火剤やハロゲン系消火剤は、3類全体に不適応なので、誤りです。

(2)～(4)の消火剤は、水系の消火剤ばかりなので、黄りんにしか適応しません。いずれも誤りです。

ということで、適応するのは(5)だけです。

問題5　解答(3)

(3)**カリウム**が有機物に対して示すのは、強い「酸化作用」ではなく、「**還元作用**」です。有機物から強く酸化される傾向があります。

(1)、(2)は、ナトリウムも共通です。修正後の(3)、(4)、(5)は、カリウム独自の性質です。

問題6　解答 (2)

(2)第3類の危険物で、屋外に貯蔵できるものはありません。

問題7　解答 (1)

A　銀白色　　　B　0.5　　　C　深赤色

「**銀白色**の金属結晶で、比重は**0.5**で固体単体の中で最も軽い。**深赤色**の炎を出して燃え、酸化物を生じる。」となります。

A　**カリウム、リチウム、ナトリウム、カルシウム、バリウムは銀白色**です。

カリウム、ナトリウム	銀白色の軟らかい金属
リチウム、カルシウム、バリウム	銀白色の金属結晶

C　**炎色反応の橙色はカルシウム、黄緑色はバリウム**です。

カリウム	紫色
ナトリウム	黄色
リチウム	深赤色
カルシウム	橙色
バリウム	黄緑色

問題8　解答 (3)

(3)**カルシウムの炎色反応は「黄緑色」ではなく「橙色」**です。

問題9　解答 (5)

正しいものは、C、D、Eです。

A　「アルコール」ではなく「**窒素**」を封入したビンなどに密栓して貯蔵します。「アルコール」は保護液にはなりません。誤った記述です。

B　水素化リチウムは、水と反応して「アセチレンガス」ではなく「**水素**」を発生します。誤った記述です。**水と反応してアセチレンガスを発生するのは炭化カルシウム**です。

D　水素化リチウム（LiH）は、高温でリチウム（Li）と水素（H）に分解します。

問題10　解答 (5)

(5)トリクロロシランは、水に溶けて加水分解し、「メタンガス」ではなく「**塩化水素（HCl）**」を発生します。誤った記述です。**トリクロロシランの化学式は$SiHCl_3$です。水と反応してメタンガスを発生するのは炭化アルミニウム**です。

(2)沸点が32℃で、引火点は−14℃は、正しい記述です。

■危険物の性質ならびにその火災予防および消火の方法

問題1　解答(2)
誤っているものは、A、Cです。
A　有機金属化合物のジエチル亜鉛は無色の「固体」ではなく「**液体**」です。誤った記述です。
B　アルカリ金属の**カリウム**と**ナトリウム**は銀白色の軟らかい金属です。正しい記述です。
C、D、E　アルカリ金属の**リチウム**、アルカリ土類金属の**カルシウム**、**バリウム**は、いずれも銀白色の金属結晶です。Cが誤りで、D、Eは正しい記述です。

問題2　解答(1)
(1)ジエチル亜鉛は、「灯油」ではなく、「**窒素**」などの不活性ガスの中で貯蔵します。誤った記述です。
(2)アルキルアルミニウム、(4)炭化カルシウムも、**窒素**などの不活性ガスの中で貯蔵します。正しい記述です。
(5)の**ナトリウム**と**カリウム**は、灯油の中で貯蔵します。正しい記述です。灯油以外には、**軽油、流動パラフィン、ヘキサン**なども保護液になります。

問題3　解答(2)
誤っているものは、D、Eの2つです。
D　リチウムは、黄りん以外の危険物と同様に**禁水性**です。水・泡系の消火剤は**使えない**ので、**乾燥砂や炭酸水素塩類**を主成分とする**粉末消火剤**を使用します。
E　黄りんは、唯一禁水性ではありません。水・泡系の消火剤（水・強化液・泡）を**使用**できます。

問題4　解答(5)
(5)**カリウム**の保管方法として、「**灯油**などの保護液の中に貯蔵する」のは正しい記述です。そうすることで、(1)や(2)のようなことが起こらないように空気や**水と隔離**します。しかし、「小分けせずに」「まとめて」は誤りです。必ず「**小分けして**」保存します。
(3)貯蔵する場所の**床面を地面より高く**するのは、**湿気を避ける**ためです。そうすることで、(1)のような事態を避けます。

問題5　解答 (2)

カリウムとナトリウムの**保護液**として適しているのは、次の**4**つだけです。

> 灯油、軽油、流動パラフィン、ヘキサン

(2)以外は、左側だけが適しています。

(2)と(4)の流動パラフィンは、石油の潤滑油留分から精製した無色無臭の油状の液体のことです。

保護液の中で貯蔵するものとしては、他に、**黄りん**（水の中で貯蔵）があります。

保護液の中で貯蔵するものは、**カリウム、ナトリウム、黄りん**の**3**つだけです。

問題6　解答 (4)

(4)ノルマルブチルリチウムは、**水、アルコール類**には「反応しない」のではなく、「**激しく反応**」します。誤った記述です。

(5)ノルマルブチルリチウムやアルキルアルミニウムは、「**窒素**」などの中で貯蔵します。窒素などの不活性ガスの中で貯蔵するものとしては、他に、**ジエチル亜鉛、水素化ナトリウム、水素化リチウム、炭化カルシウム、炭化アルミニウム**があります。

問題7　解答 (4)

黄りんは、**水に溶けません**（だから(3)のように水中保存が可能）が、ベンゼンや二硫化炭素には**溶けます**。誤った記述です。

問題8　解答 (4)

(4)ジエチル亜鉛は、空気に触れると**自然発火**します。正しい記述です。

(1)「灯油」ではなく「**窒素**」などの**不活性ガス**の中で貯蔵・取扱いを行います。

(2)無色の「結晶」ではなく「**液体**」です。

(3)ジエチルエーテルやベンゼンに「**溶けます**」。

(5)水、アルコール、酸と激しく反応しますが、発生する**エタンガス**は「不燃性」ではなく「**可燃性**」です。だから危険です。

問題9　解答 (2)

(2)りん化カルシウムは、「可燃性」ではなく「**不燃性**」です。誤った記述です。第3類の危険物の中で不燃性のものには、他に**炭化カルシウム**があります。

問題10　解答 (1)

A　水　　B　アセチレンガス　　C　消石灰

「**水**と反応して、熱と可燃性で爆発性のある**アセチレンガス**を発生し、**消石灰**となる。」となります。

■危険物の性質ならびにその火災予防および消火の方法

問題1　解答(2)
自然発火性か禁水性の片方の性質しかもたないものはBの**リチウム（禁水性のみ）**と、Dの
黄りん（自然発火性のみ）の2つです。その他のものは、**自然発火性＋禁水性**をあわせもっ
ています。

問題2　解答(3)
(3)**カルシウム**の貯蔵には、**保護液や不活性ガスは不要**です。誤った記述です。
(1)炭化カルシウムは、金属製のドラム缶の中に貯蔵してもよい。正しい記述です。このまま
　覚えておきましょう。

問題3　解答(4)
C　**ナトリウムとカリウム**は、「強い酸化剤」ではなく、逆にとても**酸化されやすい性質**を
　持っています。ですから、Cは誤りで、その他の4つはすべて正しい記述です。
A　ナトリウムの比重…**0.97**、カリウムの比重…**0.86**
B　どちらも、**銀白色の軟らかい金属**
D　保護液として適しているもの…**灯油、軽油、流動パラフィン、ヘキサン**
E　炎色反応の色…ナトリウムは**黄色**、カリウムは**紫色**

問題4　解答(3)
A、B、Dが正しく、Cが誤りです。
C　**バリウム**の消火には「水・泡系の消火剤」ではなく「**乾燥砂**」などを使います。
Aの黄りん、Bのリチウムだけが例外的で、**その他の危険物の消火に有効なのは、乾燥砂、膨**
張ひる石、膨張真珠岩で覆う方法か**粉末消火剤**を使う方法です。なおかつ、**炭化カルシウム、**
炭化アルミニウム、トリクロロシランの消火には、**注水厳禁**です。また、Aの**黄りん**は、融点
が低く、燃焼の際に**流動**することがあり、そうした場合には、**水と土砂**を用いて消火します。

問題5　解答(3)
(3)**りん化カルシウム**の火災の消火には「粉末消火剤」ではなく「**乾燥砂**」以外はほとんど効
　果がありません。誤った記述です。

問題6　解答(1)

(1)**アルキルアルミニウム**と**ノルマルブチルリチウム**の保管**容器**は**耐圧性**のものを使用し、さらに容器の破損を防ぐために**安全弁**をつけます。誤った記述です。

問題7　解答(4)

誤っているものは、B、Eです。

B　黄りんの発火点は「100℃」ではなく「**50℃**」です。

E　黄りんは禁水性ではないので、**水・泡系の消火剤**が有効ですが、**高圧**での注水は飛散のおそれがあるため**不適切**です。

問題8　解答(5)

(5)**リチウム**の貯蔵は、(2)のようなことを防ぐために、「空気」ではなく、「**水分**」との接触を避け、容器を**密栓**します。不適切な記述です。

(1)固体単体中で**最も軽く**、比熱は**最も大きい**です。正しい記述です。**比熱**とは、物質1gの温度を1℃（K）上昇させるのに必要な熱量のことです。比熱の大きな物質ほど、温まりにくく冷めにくいです。ちなみに、**水は、液体の中で最も比熱が大きい**（最も温まりにくい）ために、消火活動によく使われます。

問題9　解答(1)

(1)**バリウム**は、**銀白色の金属結晶**です。正しい記述です。**リチウム、カルシウム**も同様です。

(2)**ハロゲン元素**と反応し「水素」ではなく、「**ハロゲン化物**」を生じます。

(3)「固形」ではなく「**粉末状**」のものが**空気**と混合すると、**自然発火**することがあります。

(4)**水素**とは、「常温」ではなく、「**高温**」で反応し**水素化バリウム**を生じます。

(5)**水**と反応して「酸素」ではなく「**水素**」を発生します。**第3類**危険物で水と反応して**酸素**を発生するものは**ありません**。

問題10　解答(4)

(4)**炭化アルミニウム**は、**水**とは常温でも反応して発熱し、「水素」ではなく、加熱の場合と同様に「**メタンガス**」を発生します。誤った記述です。

水素以外に水との反応で発生するガスは、次の通りです。

りん化カルシウム	りん化水素	有毒・可燃性
ジエチル亜鉛	エタンガス	可燃性
炭化カルシウム	アセチレンガス	可燃性・爆発性
炭化アルミニウム	メタンガス	可燃性・爆発性
トリクロロシラン	塩化水素	有毒

■危険物の性質ならびにその火災予防および消火の方法

問題1　解答(1)

(1)**固体の危険物は比重が1より大きいものが多く、液体の危険物は比重が1より小さいもの**が多い。正しい記述です。

(2)「**可燃性**」ではなく「**不燃性**」の液体または固体で、**酸素を分離して他の物質の燃焼を助ける**ものがあります。**第1類の酸化性固体と第6類の酸化性液体**です。

(3)**水と接触して発熱し、可燃性ガスを生成するもの**としては、たとえば**第3類のりん化カルシウム**（りん化水素）、**炭化カルシウム**（アセチレンガス）などがあります。

(4)**多くの酸素を含み、他から酸素を供給しなくても燃焼するもの**としては、**第5類の自己反応性物質**があります。

(5)**保護液**としては、**水**（黄りん）、**灯油**など（カリウム、ナトリウム）が使われますが、アルコールや二硫化炭素は使われません。

問題2　解答(4)

(4)**第5類の危険物は、比重が1より「小さい」のではなく「大きい」**、自己反応性の固体または液体です。誤った記述です。

各類の危険物の比重が1より大きいか小さいかは、次の通りです。

第1類	第2類	第3類
大きい	大部分が大きい	どちらもある
第4類	第5類	第6類
一般に小さい	大きい	大きい

問題3　解答(1)

(1)**第3類の危険物には無機単体や無機化合物が多い**ですが、「**すべて**」ではありません。誤った記述です。アルキルアルミニウム、ノルマルブチルリチウム、ジエチル亜鉛、炭化カルシウム、炭化アルミニウムなどの**有機化合物**も含まれています。なお、有機化合物とは、**炭素（C）を含んでいる化合物**（CO、CO_2は除く）のことです。ちなみに、**すべて無機化合物なのは、第6類の危険物だけ**です。

(4)**空気に触れただけで発火するもの**として、**アルキルアルミニウム、ノルマルブチルリチウム、ジエチル亜鉛**があります。そのため、**貯蔵に不活性ガスを使います**。

(5)**第3類の危険物のうち、水と反応して水素を発生するものには、カリウム、ナトリウム、リチウム、カルシウム、バリウム、水素化ナトリウム、水素化リチウム**があります。メタンガスを発生するものは、**炭化アルミニウム**です。

問題4　解答 (5)

(5)リチウムの貯蔵には、**保護液は使いません**。誤った記述です。リチウムは、水分との接触を避け、容器を密栓します。

問題5　解答 (4)

(4)リチウムの火災の消火に**炭酸水素塩類**の粉末消火剤を使うのは**適切**です。

(1)、(2)**第3類**の危険物の火災の消火に**ハロゲン系消火剤**と**二酸化炭素消火剤**は**使えません**。

(3)黄りんの火災の消火に**水・泡・強化液**を使うことは適切ですが、**高圧の強化液や水を放射**すると、**黄りんが飛散する危険性**があるので不適切です。

(5)第3類の危険物については、**黄りん以外のもの**に、**水・泡・強化液を使うことはできません**。

問題6　解答 (2)

A、Dが正しく、B、Cが誤りです。

B　**塩素はハロゲン元素**（ふっ素、塩素、臭素、よう素など）の1つで、**カリウムはハロゲン元素とは激しく反応する**ので、塩素の中には貯蔵できません。誤った記述です。**カリウムとナトリウムは、灯油などの中に貯蔵します**。灯油以外には、**軽油、流動パラフィン、ヘキサン**なども保護液になります。

C　**カリウムの比重は0.86**で、1より「**小さい**」です。

問題7　解答 (2)

(2)アルキルアルミニウムを**ヘキサンやベンゼン**などの溶剤で**希釈**すると、反応性は「**増大**」ではなく「**低減**」します。誤った記述です。大変危険な物質なので、安全のために希釈します。

問題8　解答 (5)

正しいものは、D、Eです。

A　水、アルコール、酸と激しく反応し、可燃性の「**エタンガス**」を発生します。

B　ジエチル亜鉛は、**引火性**があります。

C　ジエチル亜鉛は、ベンゼンとヘキサンとジエチルエーテルに「**溶けます**」。

D　**炭酸水素塩類**等を用いた**粉末消火剤**を用いて消火します。正しい記述です。

問題9　解答 (2)

(2)注水では窒息消火になりません。正しくは、**粉末消火剤**または**乾燥砂**などで**窒息消火**をすることです。

問題10　解答 (1)

(1)**トリクロロシラン**は、ベンゼン、ジエチルエーテル、二硫化炭素に溶けます。誤った記述です。

■危険物の性質ならびにその火災予防および消火の方法

問題1　解答(1)

(1)**引火性液体**（第4類危険物の総称）と**引火性固体**（第2類危険物の品名の1つ）の燃焼は
　どちらも**蒸発燃焼**です。誤った記述です。

問題2　解答(3)

正しいものはB、Dです。

A　**第5類**危険物は、加熱、衝撃、摩擦等によって**発火**し、**爆発**するものが**多い**です。

C　第5類危険物で**引火性**を有するものとして、**硝酸メチル、硝酸エチル、過酢酸、エチル
　メチルケトンパーオキサイド、ヒドロキシルアミン、ピクリン酸**があります。

E　第5類危険物で**水によく溶ける**のは、**過酢酸、ヒドロキシルアミン**だけです。全体的に
　は、水に溶けないものや少ししか溶けないものが多いです。

問題3　解答(5)

(5)「絶縁性のあるもの」だと、静電気がたまる可能性があるので、**導電性の高い**（静電気が
　たまりにくい）作業靴、作業着などを着用することが大切です。

問題4　解答(4)

(4)正しい記述です。

(1)**過酸化ベンゾイル**は、「赤色」ではなく「**白色**」の粒状結晶の固体です。第5類危険物に
　は**赤色のものはありません**。ほとんどが**無色か白色**です。例外は、**黄色**（ピクリン酸、ジ
　アゾジニトロフェノール）と**淡黄色**（トリニトロトルエン、ジニトロソペンタメチレンテ
　トラミン）です。また、過酸化ベンゾイルは無臭です。

(2)発火点は、「50℃」ではなく「**125℃**」です。

(3)皮膚に触れると**皮膚炎**を起こします。

(5)過酸化ベンゾイルは、**水**には**溶けません**が、**有機溶剤**には**溶けます**。

問題5　解答(2)

誤っているものは、C、Dの2つです。

C　**硝酸エステル類**（硝酸メチル、硝酸エチル、ニトログリセリン、ニトロセルロース）の
　うち、**ニトロセルロース**だけは、**注水**による冷却消火が**効果的**です。

D　これも、**ニトロセルロース**の外観だけが、原料の**綿や紙**と同様で、他の3つ（いずれも
　液体）と異なります。

E　ニトログリセリンのことです。

問題6　解答 (5)

(5)ニトログリセリンの**融点**は「130℃」ではなく「**13℃**」です。誤った記述です。

融点とは、加熱によって固体の物質が液体になるときの温度のことです。危険物の定義の1つに、「常温（20℃）で固体か液体」というのがありますが、ニトログリセリンの融点が13℃なので、ニトログリセリンは液体（20℃では液体）の扱いになります。第5類危険物の中では、有機過酸化物の一部（エチルメチルケトンパーオキサイド、過酢酸）と硝酸エステル類の一部（**硝酸メチル、硝酸エチル、ニトログリセリン**）だけが**液体**です。

問題7　解答 (4)

(4)正しい記述です。

(1)**ピクリン酸**は、「白色」ではなく、「**黄色**」の結晶です。

(2)「刺激臭」はなく「**無臭**」です。

(3)少量のピクリン酸に点火すると「白い煙」ではなく「**ばい煙**」が出ます。

(5)**単独**でも、打撃、衝撃、摩擦による**発火・爆発**の危険があります。

問題8　解答 (4)

(4)アゾビスイソブチロニトリルは、**融点以上**に**加熱**すると、急激に分解し**窒素とシアンガス**が発生しますが**発火はしません**。誤った記述です。

問題9　解答 (5)

(5)ジアゾジニトロフェノールは、「水分を含むと」ではなく「**加熱をすると**」爆発的に分解します。誤った記述です。

問題10　解答 (1)

(1)**硫酸ヒドロキシルアミン**は、白色の「液体」ではなく、「**結晶**」です。誤った記述です。第5類危険物の中では、有機過酸化物の一部（**エチルメチルケトンパーオキサイド、過酢酸**）と硝酸エステル類の一部（**硝酸メチル、硝酸エチル、ニトログリセリン**）だけが**液体**です。硫酸ヒドラジン、ヒドロキシルアミン、硫酸ヒドロキシルアミン、塩酸ヒドロキシルアミン、硝酸グアニジンは、すべて**白色の結晶**です。

(2)**水に溶ける**は、正しい記述です。硫酸ヒドロキシルアミン、塩酸ヒドロキシルアミン、アジ化ナトリウム、硝酸グアニジンは、水に普通に溶けます。

(5)(3)のような性状があるため、**ガラス製容器**など金属製以外の容器に貯蔵します。塩酸ヒドロキシルアミンも同様です。

■危険物の性質ならびにその火災予防および消火の方法

問題1　解答(1)

(1)第1類の危険物は酸化性で「可燃性」ではなく「**不燃性**」の固体です。誤った記述です。第1類と第6類、それに第3類の一部だけが不燃性で、あとは可燃性です。一般的に**酸化性＝不燃性**です。

問題2　解答(5)

誤っているものは、B、C、D、Eの4つです。

B　第5類危険物は、「不燃性」ではなく「**可燃性**」です。燃えると**消火困難**なものが多くなります。

C　比重は1より**大きい**です。

D　エチルメチルケトンパーオキサイドやニトロセルロースは、**直射日光で自然発火**します。また、ヒドロキシルアミンは、**紫外線**を受けると**爆発**します。

E　大部分のものが**酸素を分子中に含有**しています。

問題3　解答(3)

(3)正しい記述です。

(1)過酢酸は、「白色」ではなく「**無色**」の液体です。第5類危険物の**液体**（エチルメチルケトンパーオキサイド、過酢酸、硝酸メチル、硝酸エチル、ニトログリセリン）はすべて**無色**（エチルメチルケトンパーオキサイド、硝酸メチル、硝酸エチルは無色透明）です。

(2)融点は「80℃」ではなく「**0.1℃**」です。危険物の定義により、液体のものは、常温（20℃）で**液体**であることが必要なので、液体のものは融点が20℃以下であることが必要です。

(4)引火性があります。第5類危険物で引火性を有するものとして、**エチルメチルケトンパーオキサイド、過酢酸、硝酸メチル、硝酸エチル、ピクリン酸、ヒドロキシルアミン**があります。

(5)「無臭」ではなく、「**強い刺激臭**」があります。強い酢の匂いです。

問題4　解答(3)

(3)トリニトロトルエンは、分子中にニトロ基を「1個」ではなく「**3個**」もちます。誤った記述です。ニトロ基を3個もつのは、同じ**ニトロ化合物**のピクリン酸も同様です。試験ではピクリン酸との異同について出題されることがあります。これ以外の共通点としては、**黄色の結晶**（トリニトロトルエンは淡黄色）、**発火点が200℃以上**、ジエチルエーテルに溶ける、**還元剤**と混合すると**爆発の危険性**があることです。

問題5　解答 (2)

正しいものは、A、Dです。

B　硝酸メチルは、芳香を有し、「苦み」ではなく「甘味」があります。これは、第5類危険物では硝酸メチルと硝酸エチルだけです。

C　引火点が15℃で、常温（20℃）よりも低いため、引火の危険性が大きいです。また、引火して爆発しやすいです。

E　アルコール、ジエチルエーテルには溶けます。これも硝酸エチルも同じです。

問題6　解答 (3)

(3)ニトロセルロースは、硝化度（窒素の含有量）が「低いほど」ではなく、「高いほど」爆発の危険性が大きいです。誤った記述です。別名「硝化綿」と呼ばれるように、外観は原料の綿や紙のようです。セルロースは、植物の細胞膜や繊維の主成分で、紙や衣料の原料となります。セルロースを硝酸と硫酸の混合液に浸して作ったものがニトロセルロースです。浸漬時間（液に浸す時間）などにより、硝化度（窒素含有量）の異なるものが得られます。

問題7　解答 (4)

B、Cが正しく、A、Dが誤りです。

A　硫酸ヒドラジンは、冷水には溶けにくいですが温水には溶けて、水溶液は、「アルカリ性」ではなく、「酸性」を示します。

D　融点以上に加熱すると分解して、「水素」ではなく、「アンモニア、二酸化硫黄、硫化水素、硫黄」を生成します。

問題8　解答 (4)

(4)塩酸ヒドロキシルアミンには潮解性がありません。誤った記述です。第5類危険物で潮解性があるのは、ヒドロキシルアミンと硫酸ヒドロキシルアミンだけです。

(1)消火の際は、保護メガネ、防護服、ゴム手袋、防じんマスクを着用し、大量の水で消火します。硫酸ヒドラジン、ヒドロキシルアミン、硫酸ヒドロキシルアミンも同様です。

(3)塩酸ヒドロキシルアミンは水に溶け、メタノール、エタノールにわずかに溶けます。

(5)硫酸ヒドロキシルアミンと同様に、水溶液は強酸性で、金属を腐食します。このような性状があるため、ガラス製容器など金属製以外の容器に貯蔵します。

問題9　解答 (1)

(1)アジ化ナトリウムは、水の存在で重金属と作用し、爆発性の高いアジ化物を作りますが、重金属とは、比重が4〜5よりも重い、銀、銅、鉛、水銀などのことです。誤った記述です。

問題10　解答 (5)

(5)硝酸グアニジンの火災の際には、注水による冷却消火が最も適しています。第5類の危険物で、水による消火が不適当なのは、アジ化ナトリウムだけです。

■危険物の性質ならびにその火災予防および消火の方法

問題1　解答(5)

A～Eはすべて正しい記述です。

第5類の危険物の中で特殊な保管をするのは、選択肢の内容ですべてです。この機会に選択肢の内容をしっかり確認しておきましょう。

問題2　解答(4)

正しいものは、C、Eです。

A、B　**ガス系消火剤**（二酸化炭素、ハロゲン化物）と**粉末消火剤**（りん酸塩類、炭酸水素塩類）は、第5類危険物の消火には**有効ではありません**。

D　**アジ化ナトリウム**の火災の消火には**水や泡**の使用は**厳禁**です。

E　**アジ化ナトリウム以外**の第5類危険物の消火には、水・泡系の消火剤が有効です。正しい記述です。

問題3　解答(2)

(2)**過酸化ベンゾイル**だけが、**白色粒状結晶の固体**で、**エチルメチルケトンパーオキサイド**は**無色透明の油状**の**液体**（市販品）、**過酢酸**は無色の**液体**です。誤った記述です。第5類危険物の**液体**（**エチルメチルケトンパーオキサイド**、**過酢酸**、**硝酸メチル**、**硝酸エチル**、**ニトログリセリン**）はすべて**無色**（エチルメチルケトンパーオキサイドの市販品、硝酸メチル、硝酸エチルは無色透明）です。

(3)**過酸化ベンゾイル**だけが無臭で、**エチルメチルケトンパーオキサイド**には特有の臭気があり、**過酢酸**には強い刺激臭があります。第5類危険物の中で臭気があるのは、**エチルメチルケトンパーオキサイド**と**過酢酸**だけです。

問題4　解答(2)

(2)正しい記述です。

(1)**光**によっても、分解し**爆発**する危険性があります。

(3)着火すると、**黒煙**をあげて燃えます。その煙は**有毒**です。

(4)**過酸化ベンゾイル**と**ピクリン酸**は、**乾燥状態**を避けて貯蔵します。

(5)**過酸化ベンゾイル**は、**加熱**、**摩擦**、**衝撃**等によって分解し**爆発**する危険性があります。

問題5　解答(1)

(1)**エチルメチルケトンパーオキサイド**の市販品は、無色透明の「固体」ではなく、無色透明の「**油状の液体**」です。誤った記述です。

問題6　解答(5)

(5)**硝酸エチル**には、直射日光で分解、爆発する危険性はありません。硝酸エチルの保管の際に、直射日光を避けるのは、硝酸エチルの引火点が10℃と極めて低いため、冷暗所に保管する必要があるからです。不適当な記述です。

(1)**アルコール、ジエチルエーテルに溶ける**のは、**硝酸メチル**も同様です。

(3)(4)**硝酸メチル**も同様です。

問題7　解答(2)

(2)**ジニトロソペンタメチレンテトラミン**は、水にもわずかに溶けます。誤った記述です。ジニトロソペンタメチレンテトラミンは、天然ゴムや合成ゴムの起泡剤として用いられています。

問題8　解答(3)

(3)正しい記述です。**ヒドロキシルアミン、硫酸ヒドロキシルアミン、塩酸ヒドロキシルアミン**の火災の際には、**大量の水で消火**し、**保護メガネ、防護服、ゴム手袋、防じんマスク**を着用します。**硫酸ヒドラジン**も同じです。

(1)「**無色の板状結晶**」は、**アジ化ナトリウム**です。設問の3つの危険物はすべて「**白色の結晶**」です。**硫酸ヒドラジンと硝酸グアニジン**も同じです。

(2)設問の3つの危険物はすべて水に溶けます。**硫酸ヒドラジンは温水には溶けます**。

(4)設問の3つの危険物の中で発火点があるのは、**ヒドロキシルアミン**だけです。

(5)設問の3つの危険物の**蒸気**は眼や気道を強く刺激して**危険**です。

問題9　解答(1)

A、Dが正しく、B、Cが誤りです。

B　**ピクリン酸**と混合するのが**危険**なものは、「**窒素**」ではなく「**よう素**」です。**よう素、硫黄、アルコール、ガソリン**は、**酸化されやすい＝燃えやすい**ものの代表です。

C　**ピクリン酸**は、単独でも打撃、衝撃、摩擦によって、発火・爆発の危険があります。「**単独では**」というのは、Bのような**酸化されやすいもの＝還元剤と混在しなくても**という意味です。

問題10　解答(2)

(2)**ジアゾジニトロフェノール**は、「**窒素**」ではなく、「**水中、またはアルコールと水の混合液**」の中で保存します。誤った記述です。

(3)選択肢の「**爆ごう**」とは、爆発的に燃焼し、火炎の伝わる速度が音速を超える現象のことです。

■危険物の性質ならびにその火災予防および消火の方法

問題1　解答(4)

(4)**第4類**の危険物（**引火性液体**）の説明です。「**いずれも引火性の液体**」で判断できます。

(1)**第2類**の危険物（**可燃性固体**）の説明です。**固体は第1類と第2類だけ**です。「**可燃性**」で第2類と判断できます。

(2)**第1類**の危険物（**酸化性固体**）の説明です。「**酸化しやすい固体**」で判断できます。

(3)**第6類**の危険物（**酸化性液体**）の説明です。「酸化性」「液体」といった言葉はありませんが、「**いずれも無機化合物である**」危険物は第6類だけです。

(5)**第3類**の危険物（**自然発火性物質および禁水性物質**）の説明です。「**自然発火性物質**」で判断できます。「**固体または液体**」＝物質は、第3類か第5類です。

問題2　解答(3)

第5類の危険物のうち、常温（20℃）で引火するものは、Bの**硝酸メチル**（引火点15℃）、Dの**硝酸エチル**（引火点10℃）の2つだけです。

A　ヒドロキシルアミンの引火点は100℃です。

C　過酢酸の引火点は41℃です。

E　エチルメチルケトンパーオキサイドの引火点は72℃です。

第5類の危険物のうち、引火点があるものは、他には**ピクリン酸**（引火点207℃）だけです。

問題3　解答(4)

(4)第5類の危険物の中で、「水中、またはアルコールと水の混合液の中で保存する」のは、**ジアゾジニトロフェノール**だけです。**アゾビスイソブチロニトリル**は、火気、直射日光を避け、**冷暗所**に貯蔵します。誤った記述です。

ちなみに、第5類の危険物の中で、普通と違う貯蔵をするのは、他には、エタノールまたは水で湿潤の状態を維持し、安定剤を加えて冷暗所に貯蔵する、**ニトロセルロース**だけです。

問題4　解答(5)

正しいものは、D、Eです。

A、B　**過酢酸**は、**水、アルコール、ジエチルエーテル、硫酸のいずれにもよく溶けます。**

C　**強い酸化作用があり、助燃作用もあります。**

問題5　解答(3)

(3)ニトログリセリンは、**凍結**すると、液体のときより**爆発力**が「小さくなる」のではなく、逆に「**大きくなります**」。誤った記述です。ちなみに、ニトログリセリンはダイナマイトの火薬として使われます。

(4)水酸化ナトリウムのアルコール溶液で処理するのは、それによってニトログリセリンが分解されて、非爆発性となるからです。

問題6　解答(1)

(1)トリニトロトルエンは、「ニトログリセリン」ではなく「**ピクリン酸**」と同じく**ニトロ化合物**です。誤った記述です。ニトログリセリンは、硝酸エステル類（硝酸メチル、硝酸エチル、ニトロセルロースも同じ）です。

問題7　解答(2)

A　セルロース　　B　硝酸　　C　無味無臭で

「ニトロセルロースは**セルロース**を**硝酸**と硫酸の混合液に浸して作る。**無味無臭で**水には溶けない。」となります。

問題8　解答(2)

(2)硫酸ヒドラジンは、「アルカリ」ではなく「**酸化剤**」に対して激しく反応します。誤った記述です。(5)のように「**還元性が強い**」＝とても酸化されやすいからです。

(4)白色の結晶です。これは、**ヒドロキシルアミン、硫酸ヒドロキシルアミン、塩酸ヒドロキシルアミン、硝酸グアニジン**も一緒です。

問題9　解答(5)

(5)正しい記述です。ヒドロキシルアミンにこうした危険性があるため、消火の際は、**保護メガネ、防護服、ゴム手袋、防じんマスク**を着用し、**大量の水**で消火します。硫酸ヒドラジン、硫酸ヒドロキシルアミン、塩酸ヒドロキシルアミンも同様です。

(1)**水、アルコール**にはよく溶けます。

(2)蒸気は空気よりも**重い**です。第4類の危険物と同じで、重い蒸気が室内の床に滞留するために危険性が増します。

(3)、(4)「発火」ではなく、(3)は「**爆発的に燃焼**」し、(4)は「**爆発**」します。

問題10　解答(4)

正しいものは、A、B、Cの3つです。

D　アジ化ナトリウムの火災の消火に水・泡系の消火剤は厳禁です。そのほか、**第5類**の危険物の消火には、**ガス系消火剤**（二酸化炭素、ハロゲン化物）と**粉末消火剤**（りん酸塩類、炭酸水素塩類）は**有効ではありません**。

■危険物の性質ならびにその火災予防および消火の方法

問題1　解答(3)

(3)正しい記述です。

(1)**危険物**には、「**気体**」は**含まれません**。

(2)たとえば第5類の危険物でも、アジ化ナトリウム（NaN_3、無機化合物）のように、分子内に、炭素、酸素または水素のいずれも含有していないものもあります。

(4)たとえば第2類の危険物の鉄粉のように、定められた小ささの粉だけが対象になるものもあります。同じ**鉄粉**でも、粉の大きさが**大きければ危険物にはなりません**。

(5)たとえば第5類の危険物でも、**アジ化ナトリウムだけが水による消火が禁止**で、あとはすべて水による消火が適当という例があります。

問題2　解答(5)

(5)保管の際に容器を**密栓しない**のは「硝酸メチル」ではなく、「**エチルメチルケトンパーオキサイド**」です。誤った記述です。第5類の危険物で**密栓しない**のは**エチルメチルケトンパーオキサイド**だけです。

(1)**塩酸ヒドロキシルアミン**もガラス製容器など、金属製以外の容器に貯蔵します。

(4)**過酸化ベンゾイル**も乾燥に注意が必要です。

問題3　解答(5)

(5)第5類の危険物の中では、**過酸化ベンゾイルとピクリン酸**は、乾燥すると危険性が増すため、**乾燥に注意**する必要がありますが「**水中で保管する**」**必要はありません**。誤った記述です。第5類の危険物の中では、水中、またはアルコールと水の混合液の中で保存するのが、**ジアゾジニトロフェノール**、エタノールまたは水で湿潤の状態を維持し、安定剤を加えて冷暗所に貯蔵するのが**ニトロセルロース**です。

問題4　解答(4)

(4)第5類の危険物は、原則大量の水で消火します（アジ化ナトリウムを除く）。また、**第5類の危険物の消火**には、**ガス系消火剤**（二酸化炭素、ハロゲン化物）と**粉末消火剤**（りん酸塩類、炭酸水素塩類）は**有効ではありません**ので、**不適当**です。

なお、ニトロセルロースを除く**硝酸エステル類**（硝酸メチル、硝酸エチル、ニトログリセリン）、**ニトロ化合物**（ピクリン酸、トリニトロトルエン）、**ジアゾ化合物**（ジアゾジニトロフェノール）は、一度火がついたら**消火困難**とされています。

問題5　解答 (2)

(2)過酸化ベンゾイルは、**硝酸、濃硫酸、アミン類、有機物**などと接触すると、**爆発**する危険性がありますから、抑制剤としてアミン類を使うことはできません。

問題6　解答 (1)

正しいものは、A、Bです。

C　**エチルメチルケトンパーオキサイド**は、**直射日光**で分解し、**発火**することがありますから、直射日光が当たらないように保管します。

D　**衝撃**等でも分解し、**発火**することがあります。衝撃等にも十分注意して保管します。

E　容器は密栓しません。**第5類**の危険物の中で密栓しないのは、**エチルメチルケトンパーオキサイド**だけです。

問題7　解答 (2)

(2)セルロイドはニトロセルロースに「アルコール」ではなく「樟のう」を混ぜて作られたものです。誤った記述です。

(5)精製が悪く酸が残っている場合は、**発火点**が**低くなる**ため、直射日光や加熱で分解し、**発火**することがあります。正しい記述です。

問題8　解答 (2)

C、Dが正しく、A、Bが誤りです。

A　**硝酸メチル**も**硝酸エチル**も「有機過酸化物」ではなく、「**硝酸エステル類**」に分類されます。

B　どちらも「白色」ではなく「**無色透明**」の液体です。

この他の共通点としては、**引火点**が**低いため引火の危険性**が**大きい**ことがあげられます。

問題9　解答 (3)

(3)**ピクリン酸**は、「アルカリ性」ではなく「**酸性**」なので、**金属**と作用して、**爆発性の金属塩**を作ります。

(5)**よう素、硫黄**などの**酸化されやすい物質**との**混合**を避けるのは、摩擦や打撃によって**激しく爆発**するおそれがあるからです。混合せずに**単独**でも、打撃、衝撃、摩擦によって、**発火・爆発**の危険があるのでなおさらです。

問題10　解答 (3)

誤っているものは、A、Cの2つです。

A　**硫酸ヒドロキシルアミン**は、**乾燥**した状態で保存します。

C　**硫酸ヒドロキシルアミン**の蒸気は**眼や気道**を強く刺激します。**大量**に**体内**に入った場合は血液の酸素吸収力が低下し、**死に至る**ことがあります。安全ではありません。これは、**ヒドロキシルアミン**と**塩酸ヒドロキシルアミン**も同じです。

■危険物の性質ならびにその火災予防および消火の方法

問題1　解答(1)

(1)正しい記述です。第1類（酸化性固体）と第6類（酸化性液体）の危険物です。

(2)**水**と接触して、**可燃性ガス**を生成するものとしては、たとえば、第3類危険物の**リチウム**、**カルシウム**、**バリウム**が水素を生成します。

(3)多くの酸素を含み、他から酸素を供給しなくても燃焼するものとしては、**第5類**危険物（自己反応性物質）の大部分のものが該当します。

(4)**第2類から第5類**の危険物の**大部分**は**可燃性**ですが、第3類危険物の一部に例外があるので、「すべて」ではありません。

(5)正しくは、**固体の危険物は比重が1より大きいものが多く、液体の危険物は比重が1より小さいものが多い**です。どちらも例外を含みます。

問題2　解答(2)

正しいものは、A、Dです。

B　　**第6類**危険物のほとんどのものに**刺激臭**があります。

C　　ハロゲン間化合物は、水と反応し、猛毒で**腐食性**のある**ふっ化水素**を発生します。

E　　**第6類**危険物は**不燃性**です。火源があっても**燃焼はしません**。

問題3　解答(2)

(2)粉末消火剤（炭酸水素塩類）は、第6類の火災の際の消火剤として**有効ではありません**。同じ粉末消火剤でも、**りん酸塩類**のものなら**有効**です。

問題4　解答(2)

B、C、Dが正しく、Aが誤りです。

A　　**第6類**の危険物（酸化性液体）の**貯蔵・取扱い**の際には、「酸化剤」＝酸化するものではなく、「**還元剤**」との接触を避けます。「可燃物、有機物、還元剤」は、いずれも酸化されるもの＝燃えるものです。

問題5　解答(2)

第6類の危険物のうち、貯蔵・取扱いの際に容器を**密栓してはいけない**ものは、(2)の**過酸化水素**です。分解によって発生したガス（**酸素**）で容器が破裂しないよう、容器は密栓せず、通気のための穴（ガス抜き口）のある栓をします。

問題6　解答 (3)

(3)過塩素酸は、非常に不安定な物質です。常圧で密閉容器に入れて冷暗所に保存しても、次第に分解して黄色に変色し、やがて爆発的分解を起こしてしまいます。そのため、定期的に検査し、汚損や変色したものは廃棄するという方法をとります。

問題7　解答 (5)

(5)消毒薬のオキシドールは過酸化水素の「10％」ではなく、「３％」水溶液です。

(3)過酸化水素は水に溶けやすく、水溶液は弱酸性です。

問題8　解答 (2)

正しいものは、C、Eの２つです。

A　濃硝酸と希硝酸が逆です。「鉄、アルミニウムなどは希硝酸には激しく腐食されるが、濃硝酸には（不動態化するため）腐食されない」が正しい記述です。

B　酸化被膜ができた状態は「動態」ではなく「不動態」といいます。

D　硝酸は、強力な「還元剤」ではなく、「酸化剤」です。

銅、水銀、銀など	硝　酸	腐食される
ステンレス		腐食されない（表面が不動態化＝酸化被膜形成）

鉄、	希硝酸	激しく腐食される
アルミニウムなど	濃硝酸	腐食されない（表面が不動態化＝酸化被膜形成）

問題9　解答 (1)

(1)最も適切な消火方法です。

(2)、(3)、(4)ハロゲン間化合物は、水と反応するとふっ化水素を発生します。ふっ化水素は有毒ですから、水や強化液の放射は不適切です。

(5)ハロゲン間化合物の消火に適切とされている消火剤は、下の通りです。ガス系の二酸化炭素消火剤は含まれていません。

ハロゲン間化合物の火災の消火に適切とされている消火剤	りん酸塩類を用いた粉末消火剤、乾燥砂、膨張ひる石、膨張真珠岩など

問題10　解答 (4)

(4)ハロゲン間化合物が水と反応した際に発生する有毒のふっ化水素の水溶液は、ガラスを腐食します。そのため、ハロゲン間化合物の保管には、ガラス製の容器は使えません。

■危険物の性質ならびにその火災予防および消火の方法

問題1　解答(3)

(3)**第4類**の危険物は、引火性液体で、蒸気は空気よりも「**軽い**」のではなく「**重い**」です。誤った記述です。そのため、蒸気が室内の床に滞留して危険な状態になります。

問題2　解答(4)

(4)**第1類**や**第6類**の危険物のように、**酸化性**で自分は燃焼しない危険物もあります。誤った記述です。

問題3　解答(5)

(5)**第6類**危険物の中で、**水と反応してガスを発生**するものは、**三ふっ化臭素**を含む**ハロゲン間化合物**だけです。**ハロゲン間化合物**は、**水と反応してふっ化水素**（猛毒）を発生します。**五ふっ化よう素**は、同時に**よう素酸**（強い酸化力をもつ）も発生します。

(1)**過塩素酸**は、**加熱分解**で、**塩化水素ガス**（有毒）を発生します。

(2)**過酸化水素**は、**熱や日光**によって速やかに分解し、**酸素**を発生します。

(3)**硝酸**は、**加熱や日光**によって分解し、**酸素と二酸化窒素**（褐色で極めて有毒）を発生します。

(4)**発煙硝酸**は、空気中で、**二酸化窒素**（褐色で極めて有毒）を発生します。

問題4　解答(4)

適切な組合わせは、A、B、Dの3つです。

C、D　**硝酸と発煙硝酸**は、**銅や銀**など、**多くの金属を腐食**させるので、腐食しにくい**ステンレス鋼やアルミニウム製**の容器で保管します。Cの硝酸を銅製の容器に保管するのは不適切です。

E　**三ふっ化臭素**を含む**ハロゲン間化合物**は、**強力な酸化剤**なので、木製のような**可燃性**の容器は**不適切**です。また、**ハロゲン間化合物が水と反応**して発生する**ふっ化水素**（猛毒）の水溶液は、ガラスを腐食するので、**ガラス製**の容器も**不適切**です。

A　**過塩素酸**は、**金属と反応**するため**ガラス製**などの容器で保管します。正しい記述です。

B　**過酸化水素**は、**熱や日光**によって速やかに分解し、**酸素**を発生させますが、その酸素で**容器が破裂しない**ように**ガス抜き口**のある栓をした容器で保管します。正しい記述です。

問題5　解答(3)

誤っているものは、B、Cです。

B　**過酸化水素**は「**水素**」ではなく「**酸素**」と水に分解します。

C　**硝酸**は、湿気を含む空気中で「**白い色**」ではなく「**褐色**」で**発煙**します。この煙は**二酸**

化窒素（褐色で極めて有毒）の色です。

問題6　解答 (3)

(3)過塩素酸を加熱すると、分解して有毒な「**塩化水素ガス**」を発生します。加熱分解により「**二酸化窒素**」（褐色で極めて有毒）を発生するのは、**硝酸**です。誤った記述です。

問題7　解答 (2)

(2)酸化剤である硝酸は、**木片、紙、アルコール**などの有機物＝可燃材、還元剤と接触しただけで**発火**することがあります。誤った記述です。

(1)二硫化炭素、アミン類、ヒドラジン類などは、**可燃材、還元剤**なので、**酸化剤**である**硝酸**と混合すると、**発火または爆発**します。

(4)硝酸の**分解**で生じる窒素酸化物は二酸化窒素（褐色で極めて**有毒**）です。

(5)「**薬傷**」（化学薬品による皮膚の損傷）という言葉を覚えておきましょう。

問題8　解答 (2)

C、Dが正しく、A、Bが誤りです。

A　**過酸化水素**の熱や日光による**分解**は「緩やか」ではなく、「**速やか**」であるため、分解によって発生する**酸素で容器が破裂**しないように**ガス抜き口**のある栓をした容器で保管します。

B　**過酸化水素**自体が**強力な酸化剤**なので、「酸化剤」ではなく「**有機物**」の混合により酸化反応が起こって**分解**します。

問題9　解答 (4)

(4)**発煙硝酸**の蒸気は極めて有毒で、**分解**で生じる**窒素酸化物**（二酸化窒素）のガスも**極めて有毒**です。この点は**硝酸と同じ**です。正しい記述です。このように、発煙硝酸は、危険性、保管方法、消火の方法では硝酸と共通です。

(1)濃度が「70％以上」ではなく「**98％以上**（純硝酸86％以上を含有）」の硝酸を、発煙硝酸と呼びます。

(2)「無色」ではなく「**赤色または赤褐色**」の液体です。第6類の危険物の中では、唯一色があります。

(3)濃硝酸と二酸化窒素を「加熱飽和」ではなく「**加圧飽和**」させて作ります。

(5)**発煙硝酸には燃焼性や爆発性はありません**。硝酸も同じです。

問題10　解答 (5)

(5)五ふっ化臭素（BrF_5）は、三ふっ化臭素（BrF_3）よりも**反応性が高く**なります。誤った記述です。ハロゲン間化合物は、ふっ素原子（F）を多く含む（$F_5 > F_3$）ものほど反応性が高くなります。

■危険物の性質ならびにその火災予防および消火の方法

問題1　解答(3)

(3)**第3類**の危険物は、**自然発火性物質および禁水性物質**です。**物質＝固体＋液体**なので、「固体」だけでは誤りです。第3類と第5類だけが「物質」です。

問題2　解答(3)

(3)**第6類**の危険物は、いずれも「有機化合物」ではなく「**無機化合物**」です。誤った記述です。有機化合物とは、炭素（C）を含んでいる化合物（CO、CO_2は除く）のことです。有機化合物でない、炭素（C）を含んでいないものが無機化合物です。**第6類の危険物だけがすべて無機化合物**です。

問題3　解答(2)

第6類の危険物の中で、**安定剤を添加する**のは、(2)の**過酸化水素**だけです。過酸化水素は**極めて不安定**であり、**熱や日光**により**速やかに分解**し、**酸素**を生じます。その酸素によって容器が破損する危険性があるため、ガス抜き口のある栓をするのですが、その一方で、**分解を抑えるために安定剤を添加**します。

問題4　解答(5)

A～Eは、すべて正しい組合わせです。

A　**過塩素酸**は、**加熱分解**で、**塩化水素ガス（有毒）**を発生します。

B　**過酸化水素**は、**熱や日光**によって**速やかに分解**し、**酸素**を発生します。

C　**硝酸**は、**加熱や日光**によって分解し、**酸素と二酸化窒素（褐色で極めて有毒）**を発生します。

D　**発煙硝酸**は、**空気中**で、**二酸化窒素（褐色で極めて有毒）**を発生します。

E　**三ふっ化臭素を含むハロゲン間化合物**は、**水と反応してふっ化水素（猛毒）**を発生します。**五ふっ化よう素**は、同時に**よう素酸（強い酸化力をもつ）**も発生します。

第6類危険物の中で、水と反応してガスを発生するものは、**ハロゲン間化合物**だけです。

A	過塩素酸	加熱分解で	塩化水素ガス（有毒）
B	過酸化水素	熱や日光によって	酸素
C	硝酸	加熱や日光によって	酸素と二酸化窒素（褐色で極めて有毒）
D	発煙硝酸	空気中で	二酸化窒素（褐色で極めて有毒）
E	ハロゲン間化合物	水と反応して	ふっ化水素（猛毒）

問題5　解答 (5)

A、B、Dが正しく、Cが誤りです。

C　過酸化水素……二酸化炭素消火剤。ハロゲン間化合物以外の第6類危険物の火災の消火には、**水・泡系消火剤、粉末消火剤（りん酸塩類）、乾燥砂、膨張真珠岩**などを用います。**第6類**危険物の火災の消火には、**ガス系消火剤（二酸化炭素、ハロゲン化物）、粉末消火剤**（炭酸水素塩類）は**有効ではありません**。誤った組合わせです。

A　三ふっ化臭素…りん酸塩類の粉末消火剤。三ふっ化臭素を含む**ハロゲン間化合物は注水厳禁**なので、**りん酸塩類を用いた粉末消火剤**か乾燥砂、膨張ひる石、膨張真珠岩などで消火します。

B　過塩素酸………強化液。ハロゲン間化合物以外の第6類危険物の火災の消火には、Cの過酸化水素と同じ消火剤が有効です。**強化液**とは、アルカリ金属塩である炭酸カリウムの濃厚な水溶液のことです。冷却効果と再燃防止効果があります。

D　硝酸…………消石灰で中和。硝酸と発煙硝酸の火災の消火には、「**消石灰またはソーダ灰で中和**し、多量の水を用いて洗い流す」という手順が含まれます。

問題6　解答 (4)

(4)過塩素酸が流出した際に、**おがくずやぼろ布のような可燃物**で吸い取るのは**自然発火**の可能性があり危険です。誤った記述です。

問題7　解答 (3)

(3)通気のための穴（ガス抜き口）は「容器」にではなく容器の「**栓**」にあけます。誤った記述です。

問題8　解答 (2)

A　換気　　B　湿気　　C　アルミニウム

「**換気**がよく、**湿気の少ない場所**に貯蔵し、ステンレス鋼や**アルミニウム**製の容器を用いる。」となります。

問題9　解答 (4)

(4)三ふっ化臭素を含む**ハロゲン間化合物**は、ほとんどの**金属、非金属と反応してふっ化物**（ふっ素と他の元素の化合物。ふっ化水素など）を作ります。誤った記述です。

(2)ハロゲン元素とは、ふっ素（F）、塩素（Cl）、臭素（Br）、よう素（I）などの元素のことです。

問題10　解答 (5)

(5)流出したときは、有毒ガスが流れてくる「**風下側**」ではなく「**風上側**」で作業をします。誤った記述です。

■危険物の性質ならびにその火災予防および消火の方法

問題1　解答(2)

(2)正しい記述です。

(1)**第1類**の危険物は、可燃物の燃焼を助ける＝**酸化性**で、自分自身は**不燃性**の**固体**です。誤った記述です。

(3)**第3類**の危険物は、**固体か液体**なので**物質**です。誤った記述です。

(4)**第4類**の危険物は、**水に浮くもの（比重が1より小さいもの）が多い**です。誤った記述です。

(5)**第5類**の危険物は、**酸化性ではない**ので、「**可燃物の燃焼を助けません**」。**可燃性**ですが、第3類と同じく固体か液体で、**物質**です。誤った記述です。

問題2　解答(1)

(1)**第6類**の危険物は、**過塩素酸**です。「**過塩素酸塩類**」は、第1類の危険物の品名です。

問題3　解答(2)

誤っているものは、A、Cです。

A　**第6類**の危険物には、**衝撃だけで爆発するもの**はありません。誤った記述です。**過酸化水素**は、金属粉や有機物との混合により**分解**した場合に、**加熱や動揺**によって**爆発**が起こることはあります。

C　**過酸化水素**は、**熱や日光**によって**速やかに分解**します。誤った記述です。

B　**密閉容器**に入れても次第に**分解**するのは、**過塩素酸**です。

D　**湿気を含む空気**中で**褐色に発煙**するのは、**硝酸**です。褐色は**二酸化窒素（極めて有毒）**の色です。

E　**可燃物**が接触すると発熱し、**自然発火**を起こすのは、**三ふっ化臭素**などのハロゲン間化合物です。

問題4　解答(4)

適切な組合わせは、A、B、Cの3つです。

D、E　逆になっています。**第6類**の危険物の中で、**発煙硝酸**だけが**有色**で、**赤色または赤褐色**です。三ふっ化臭素を含めて、**発煙硝酸以外**のものはすべて**無色**です。

発煙硝酸	赤色または赤褐色
発煙硝酸以外	無色

また、**第6類**の危険物は、すべて**液体**です。

問題5　解答 (1)

正しいものはA、Bです。

C　**汚損**や**変色**したものは**廃棄**するという対策しかありません。

D　流出したときは、**中和**した後に大量の水で**洗い流し**ます。選択肢の文は、中和と洗い流しの順番が逆になっています。

E　**過塩素酸**は**強酸化剤**なので、「木製」ではなく「**ガラス製**」などの容器に貯蔵します。

問題6　解答 (5)

過酸化水素に混合しても、**爆発**の危険性がないのは、(5)の**りん酸**です。

問題7　解答 (4)

(4)**五ふっ化臭素**は沸点が41℃と低く**揮発性**があります。正しい記述です。

(1)**ガラス製**の容器で保存するのは、**過塩素酸**です。誤った記述です。

(2)**加熱**すると酸素を発生するのは、**過酸化水素と硝酸**です。誤った記述です。

(3)**第6類危険物**は、常温（20℃）で**液体**です。誤った記述です。

(5)**第6類危険物**の中で、**ハロゲン間化合物**だけは**注水厳禁**です。誤った記述です。

問題8　解答 (3)

A　可燃物　　　B　密栓する　　　C　粉末消火剤

「**水や可燃物**との接触を避け、容器は**密栓する**。消火の際には**粉末消火剤**または乾燥砂などを用いる。」となります。なお、粉末消火剤は**りん酸塩類**のものです。

問題9　解答 (1)

A、C、Dが正しく、Bが誤りです。

B　**硝酸**が**流出**した際には、水または強化液消火剤を放射して、「一気に」ではなく「**徐々に**」希釈します。誤った記述です。

問題10　解答 (1)

(1)**硝酸と発煙硝酸**は、「鉄片」ではなく「**木片**」、紙、**アルコール**などの**有機物**と接触して、**発火**することがあります。誤った記述です。

(2)**発煙硝酸**は、**二硫化炭素、アミン類、ヒドラジン類**などと混合すると、**発火または爆発**します。**硝酸**も同じです。

(3)**三ふっ化臭素**は、水と非常に激しく反応して発熱と分解を起こし、**猛毒**で腐食性のある**ふっ化水素**を生じます。また、**可燃物**と接触しても**自然発火**することがあります。

(4)**過塩素酸**は、**アルコール**などの**有機物**と混合すると、急激な酸化反応を起こし、**発火または爆発**することがあります。

(5)**過酸化水素**は、金属粉、有機物の混合により分解し、**加熱**や**動揺**によって**発火・爆発**が起こることがあります。

■危険物の性質ならびにその火災予防および消火の方法

問題1　解答(3)

正しいものは、B、Eの2つです。

A　たとえば第6類の危険物でも、過塩素酸の火災の消火には水を使います。しかし、三ふっ化臭素の火災の消火には水は使いません。誤った記述です。

C　たとえば第6類の危険物は不燃性なので引火点がありません。誤った記述です。

D　第1類と第6類の危険物は、**不燃性**の固体や液体です。誤った記述です。

B　灯油を保護液とするのは、**第3類危険物のカリウムとナトリウム**です。水を保護液とするのは、**第3類**危険物の**黄りん**です。

E　**単体**は、第3類危険物のカリウム（K）のように**カリウムという1種類の元素**だけで成り立っているものです。**化合物**については、第6類危険物はすべて無機化合物です。**2種類以上の元素**でできています。混合物は2種類以上の純物質が混合しているもので化学式が書けないものです。第4類危険物の石油類（ガソリン、灯油、軽油、重油など）は混合物です。

問題2　解答(5)

(5)第6類の危険物は、すべて、**強力な酸化剤**なので、**可燃物、有機物、還元剤**との接触を避ける必要があります。三ふっ化臭素は、**可燃物**と接触しただけでも**自然発火**しますから、可燃物との接触は絶対に避けます。誤った記述です。

問題3　解答(5)

(5)第6類の危険物の火災には、**ガス系消火剤**（二酸化炭素、ハロゲン化物）と**粉末消火剤**（炭酸水素塩類）は適当ではありません。

問題4　解答(5)

(5)五ふっ化よう素の容器を、可燃物である木製の棚に置くことは不適切です。

(1)**過塩素酸**は、金属と反応するためガラス製などの容器で保管します。

(2)、(3)**硝酸、発煙硝酸**は、銅や銀など、**多くの金属を腐食**させるので、腐食しにくいステンレス鋼やアルミニウム製の容器で保管します。

(4)(5)**三ふっ化臭素、五ふっ化よう素はハロゲン間化合物**です。**ハロゲン間化合物が水と反応して発生するふっ化水素**（**猛毒**）の水溶液は、ガラスを腐食するので、**ガラス製**の容器は**不適切**です。**金属や陶器製のものも使えません。ハロゲン間化合物の容器は、ポリエチレン製**のものを使います。

問題5　解答(3)

(3)第6類の危険物が流出した場合は、「乾燥砂」ではなく「**消石灰（水酸化カルシウム）**」や「**ソーダ灰（無水炭酸ナトリウム）**」で**中和**します。不適切な記述です。

(1)流出した場合は、危険物の拡散防止も大切です。

(2)大量の乾燥砂をかけて乾燥砂に危険物を吸着させた後に**中和**します。

選択肢のほかに、**第6類**の危険物は皮膚を腐食するので、**適正な保護具を着用する**、**第6類**の危険物は有毒ガスを発生するものが多いので、**ガスの吸引を防ぐマスクを着用する**、災害現場の**風上**で作業するなどの注意も必要です。

問題6　解答(3)

(3)**過塩素酸**は、**密閉容器**に入れて冷暗所に保存しても、**分解**を**止められません**。誤った記述です。

問題7　解答(5)

(5)正しい記述です。

(1)分解によって**塩化水素ガス**を発生するのは、**過塩素酸**です。

(2)分解によって**二酸化窒素ガス**を発生するのは、**硝酸と発煙硝酸**です。

(3)分解によって**ふっ化水素**を発生するのは、**ハロゲン間化合物**です。

(4)**過酸化水素**には、**分解を抑制**して酸素の発生を減らすために**安定剤**を添加しますが、ガス抜き口のある栓をするのは、安定剤の添加のためではありません。

問題8　解答(4)

C、Dが正しく、A、Bが誤りです。

A、B　**硝酸は金や白金を腐食させません**。

C、D　**硝酸は銅や銀、鉄など**を**腐食**させます。

問題9　解答(3)

A　液体　　B　1.52〜　　C　強い

「赤色または赤褐色の**液体**で、比重は1.52〜、硝酸よりも酸化力が**強い**。」となります。**第6類**の危険物は、いずれも**比重が1より大きい**です。この問題の場合、そこに注目することが大切です。

問題10　解答(4)

正しいものは、A、B、Cの3つです。

D　消火の際には、「炭酸水素塩類」ではなく「**りん酸塩類**」を用いた粉末消火剤あるいは乾燥砂などを使います。

E　2種のハロゲンの**電気陰性度の差**が大きくなると、「安定」ではなく「**不安定**」になる傾向があります。